Opeyemi Anthony Amusan

Benefícios da irrigação entre os pequenos agricultores do sudoeste da Nigéria

Opeyemi Anthony Amusan

Benefícios da irrigação entre os pequenos agricultores do sudoeste da Nigéria

ScienciaScripts

Imprint
Any brand names and product names mentioned in this book are subject to trademark, brand or patent protection and are trademarks or registered trademarks of their respective holders. The use of brand names, product names, common names, trade names, product descriptions etc. even without a particular marking in this work is in no way to be construed to mean that such names may be regarded as unrestricted in respect of trademark and brand protection legislation and could thus be used by anyone.

Cover image: www.ingimage.com

This book is a translation from the original published under ISBN 978-3-8473-3564-1.

Publisher:
Sciencia Scripts
is a trademark of
Dodo Books Indian Ocean Ltd. and OmniScriptum S.R.L publishing group

120 High Road, East Finchley, London, N2 9ED, United Kingdom
Str. Armeneasca 28/1, office 1, Chisinau MD-2012, Republic of Moldova, Europe
Printed at: see last page
ISBN: 978-620-8-30194-1

Benefícios da irrigação entre os pequenos agricultores em Sudoeste da Nigéria

Opeyemi Anthony Amusan[1, 2]

[1]*Amiesol Resources Konsult (ARK), P.O.Box 23039 Universidade de Ibadan Endereço postal 200012, Ibadan, Nigéria [amusanope@gmail.com]*

[2] *Universidade Federal de Tecnologia de Akure, Engenharia Agrícola PMB 704 Akure, Nigéria [+2348139796743 / 8029533563]*

Índice

Dedicação

Dedico este livro (trabalho de investigação publicado) aos meus filhos Ebunoluwa, Iyanuoluwa, Aanuoluwa e Olaoluwa - Amusan.

Sois muito especiais para a família de Amusan e para o reino de Deus. Quero aproveitar esta oportunidade para vos encorajar a manter a chama da nossa nobre família e do nosso reino acesa na vossa geração e a transmiti-la de forma sustentável aos vossos sucessores, como eterna Excelência, alegria de muitas gerações.

Reconhecimento

Os meus agradecimentos especiais aos meus professores Mathias Becker, Marc Janssens, Armin Skwronek, Helmut Eggers, Armin Rieser, Hartmut Gaese, Jackson Roehrig, aos supervisores Bernard Tischbein e Violette Geissen pelos seus conselhos e encorajamento ao longo dos meus estudos de pós-graduação na Alemanha.

Agradeço à minha querida mulher, Olusola Amusan, pela sua paciência e compreensão durante todo o estudo e pela forma como cuidou da família. Agradeço aos meus filhos Ebunoluwa, Iyanuoluwa, Aanuoluwa e Olaoluwa - Amusan, que nasceram antes da publicação deste trabalho de investigação. Faltam-me as palavras para reconhecer e transmitir adequadamente o meu profundo sentimento de gratidão ao meu querido pai, Tony Amusan, pela sua inestimável assistência e sugestões durante os estudos de campo na Nigéria, e à minha querida mãe, Agnes Amusan, bem como aos meus irmãos e respectivos familiares, pelo seu apoio moral. Estou muito grato a Moses Ogunlade, Felix Ogunlana e Tunrayo Alabi pela sua ajuda na administração dos questionários e nos estudos do solo, a Lars Ribbe, Ademola Braimoh, Philip Oguntunde, Nii Codjoe e Yaw Osei-Asare pelo apoio fraterno e profissional que me deram ao longo dos meus programas de pós-graduação.

Os meus agradecimentos especiais vão também para os membros do pessoal do Ogun - Osun River Basin, Nigeria Horticultural Institute (NIHORT), para os autores citados, para o International Institute for Tropical Agriculture (IITA, Ibadan), para o Cocoa Research Institute of Nigeria (CRIN), para as várias associações de agricultores da Nigéria, bem como para todas as organizações não governamentais orientadas para a agricultura e o desenvolvimento rural, por me terem posto em contacto com os agricultores locais e com os vários projectos agrícolas. Devo também expressar o meu apreço a Ingo Evers e Salgado pelas suas críticas académicas, que ajudaram a reestruturar este trabalho. Continuo muito grato a Susanne Hermes, Jürgen Simons, Nolten, Folkard Asch, Kai e outros membros do pessoal e dos estudantes da Universidade de Bona e da Universidade de Ciências Aplicadas de Colónia por me terem ajudado a sentir academicamente em casa na Alemanha. Os meus sinceros agradecimentos a Olufemi Bamiro (antigo VC, UI),

Ayorinde Olufayo, Ayodele Ajayi (FUTA, Ondo), Stephen Afolayan (NIHORT, Ibadan), Kazeem Amusan, Bolarinwa (Animal Science Dept. UI), Victoria Oguntunde, Chinedum Ezebugwu, Agboola Oni-Orisan, Elisabeth Okantey, Anthony & Lizzy Abrifor, Gbenga & Lola Amosu, John Etor e todos os membros da RCCG Alemanha (Bona, Colónia, Hamburgo, Aachen, Berlim, Dusseldorf, Hale, Horrem - Kerpen e Leipzig) e aos agricultores de regadio e de sequeiro entrevistados, por me terem dado uma visão da situação prática da rega na Nigéria. Agradeço ao meu querido irmão Fidelis Olumide Amusan, à sua mulher (Kenny Amusan) e aos seus filhos (Joke, Lara e Femi - Amusan) pelos seus esforços muito apreciados. Por último, agradeço a Deus Todo-Poderoso o facto de este trabalho ter sido concluído com êxito. Nada poderia ter sido alcançado sem a Sua misericórdia e orientação divina. "Vale a pena servir Jesus, digo-o de coração".

Resumo

Para além dos nutrientes, a água é frequentemente o principal fator limitador do crescimento das culturas. O facto de a água limpa ser vital para uma vida saudável, para o progresso e para o conforto é indiscutível. A riqueza de uma nação depende, em grande medida, da sua capacidade de aproveitar corretamente os seus recursos naturais, que incluem a água e o solo. A região sudoeste da Nigéria é a maior região administrativa da Nigéria. Ocupa cerca de 30% da Nigéria e tem uma população estimada em mais de 40 milhões de habitantes. Mais de 50% da área é classificada como zonas rurais, das quais cerca de 90% da população depende da agricultura para a sua subsistência. Mais de 90% da cultura comercial nigeriana de cacau é produzida na cintura do cacau da região sudoeste, mas tanto as culturas comerciais como as alimentares têm vindo a registar um declínio constante nos últimos anos. Este facto pode estar relacionado com o efeito em cadeia da alteração da cobertura do solo (ou seja, da floresta tropical para uma zona agro-ecológica derivada da savana) e com os padrões de precipitação resultantes da degradação da vegetação induzida pelo homem. Este fenómeno constitui uma ameaça à segurança alimentar e exige esforços para explicar a tendência decrescente e fazer recomendações para a sua melhoria. Os padrões imprevisíveis de precipitação exigem a necessidade de complementar a agricultura de sequeiro no sudoeste da Nigéria com irrigação e a sua utilização adequada deve ser intensamente encorajada.

Os objectivos deste estudo foram examinar os factores-chave que determinam a utilização da água de irrigação pelos pequenos agricultores, investigar os benefícios derivados da utilização da irrigação, aceder a outras utilizações alternativas da água de irrigação para além das utilizações agrícolas e realizar uma análise comparativa dos solos de locais selecionados na área de estudo no que diz respeito ao rendimento das culturas. Foi adoptada uma nova técnica que combina inquéritos de campo com análises socioeconómicas. Foi aplicado um questionário estruturado a 100 agregados familiares nos quatro estados que constituem o Esquema de Irrigação da Bacia do Rio Ogun - Osun, no sudoeste da Nigéria, para obter informações sobre os benefícios da irrigação entre os pequenos agricultores. Foram utilizados programas estatísticos para determinar a probabilidade de um agregado familiar utilizar instalações de irrigação em função das caraterísticas do agregado familiar e de outras variáveis. Os resultados identificaram as caraterísticas do agregado familiar, tais como a dimensão do agregado familiar, a idade do chefe do agregado familiar, o rendimento, o nível de educação e outras variáveis, tais como o acesso e/ou a distância ao mercado, o acesso a instalações de irrigação, a disponibilidade de instalações de armazenamento e a adequação das terras agrícolas, como os principais factores da utilização da irrigação pelos pequenos agricultores.

Para a estimativa das propriedades do solo, foram recolhidas 16 amostras de solo de três locais com condições agro-ecológicas semelhantes no sudoeste da Nigéria. Foram analisados os catiões básicos (determinados em 1N NH_4 OAc), o N total (Kjedahl), o P disponível (Bray P), o C orgânico (oxidação húmida Walkey-Black) e o pH (0,1 M $CaCl_2$). Os solos dos locais não são significativamente diferentes uns dos outros em termos de propriedades químicas. Isto reflecte provavelmente a semelhança dos materiais de origem a partir dos quais os solos se desenvolveram. Foram utilizadas regressões lineares múltiplas para determinar as relações entre o rendimento das culturas e as variáveis que se presume influenciarem o rendimento. O C orgânico do solo, a idade do solo da exploração e o ECEC foram identificados como os principais condicionalismos do rendimento. Outras variáveis estão relacionadas com factores biofísicos e de gestão. A utilização da irrigação provou ser rentável através da comparação da produção dos agricultores de irrigação com a dos agricultores sem irrigação. Descobriu-se também que a água de irrigação estava a ser utilizada para outros usos não agrícolas categorizados como usos domésticos, recreativos e comerciais, que servem como meios viáveis de subsistência nas áreas de estudo.

Para uma produção agrícola sustentável e um aumento dos rendimentos dos agregados familiares através de culturas múltiplas ao longo de todo o ano nas áreas de estudo, deve ser dado um elevado prémio à irrigação e as utilizações não agrícolas da água pelos agregados familiares devem ser incluídas no planeamento da irrigação para uma gestão holística e eficaz dos recursos hídricos.

Palavras-chave: Rendimento das culturas, Segurança alimentar, Planeamento da irrigação, Qualidade do solo, Produção agrícola sustentável, Gestão dos recursos hídricos.

Lista de abreviaturas

1. FAO – Food and Agriculture Organization
2. SSA - Sub – Sahara Africa
3. CGIAR - Consultative Group on International Agricultural Research
4. TAC - Technical Advisory Committee
5. GTZ - The German Agency for scientific Cooperation
6. IWMI - The International Water Management Institute
7. ODI - The Overseas Development Institute
8. UN – United Nations
9. UNDP – United Nations Development Program
10. IITA – International Institute for Tropical Agriculture
11. EA - Exchangeable Acidity
12. ECEC - Effective Cation Exchange Capacity
13. ICCO – International Cocoa Organization
14. CPMU – Cocoa Producers Multi – Purpose Unions
15. FMOWR – Federal Ministry of Water Resources
16. CRIN – Cocoa Research Institute of Nigeria
17. ADPs – Area Developments Projects
18. EIA - Environmental Impact Assessment
19. GFA – Agrar – Gessellschaft fuer Agrarprojekte

Capítulo 1.0 Introdução

Uma das principais questões sobre o futuro da irrigação é saber se haverá água doce suficiente para satisfazer as necessidades crescentes dos utilizadores agrícolas e não agrícolas. A agricultura já é responsável por cerca de 70% das captações de água doce no mundo e é geralmente considerada como o principal fator responsável pela crescente escassez de água doce a nível mundial. No passado recente, a procura mundial de produtos agrícolas abrandou, principalmente devido a uma taxa decrescente de crescimento da população e aos níveis bastante elevados de consumo alimentar atingidos em muitos países. O crescimento futuro da procura abrandará ainda mais. Se, a nível mundial, o potencial de produção for suficiente para fazer face ao aumento da procura, os países em desenvolvimento ficarão mais dependentes das importações de produtos agrícolas e a produção nas zonas pobres terá de aumentar para melhorar a segurança alimentar. O mesmo se aplica aos recursos terrestres e hídricos. A nível mundial, o potencial de utilização dos recursos terrestres e hídricos para a agricultura continua por explorar. A situação globalmente positiva não deve esconder o facto de que, em grandes áreas do mundo em desenvolvimento, a agricultura está a enfrentar os seus limites, quer por falta de água, quer por falta de terra (previsão da FAO para 2030). Um dos problemas mais graves que a Nigéria e os outros países da África Subsaariana (ASS) enfrentam no novo milénio é o de alimentar uma população em rápido crescimento, mantendo ao mesmo tempo a sustentabilidade do sistema de produção agrícola. O relatório do "Consultative Group on International Agricultural Research" / "Technical Advisory Committee" (CGIAR/TAC) (1987), descreveu a agricultura sustentável como aquela que "envolve a gestão bem sucedida dos recursos para a agricultura, de modo a satisfazer as necessidades humanas em mudança, mantendo ou melhorando a qualidade do ambiente e conservando os recursos naturais" (Feldafi fing, 1988).

Invariavelmente, o constrangimento imposto à terra devido ao crescimento populacional serve como um fator de força motriz para a intensificação da produção agrícola e, por implicação, para o aumento da produção de culturas através da irrigação, o que aumenta as culturas múltiplas durante todo o ano, especialmente em áreas como o Sudoeste da Nigéria, que têm estações secas e chuvosas (apenas alguns meses de chuva). No entanto, não é geralmente apreciado que, na procura de sistemas de utilização da terra que sejam ecológica, social, económica e politicamente sustentáveis, diferentes ambientes requerem diferentes soluções. As transferências globais de muitas práticas agrícolas foram, de facto, pouco mais do que a bagagem cultural dos primeiros tempos coloniais, quando a atenção se centrava mais na exploração agrícola do que na utilização sustentável dos recursos. A agricultura moderna de alta tecnologia não é sustentável porque a sua prática está fortemente dependente do capital ambiental não renovável, especialmente da energia fóssil, do solo e das águas subterrâneas antigas (Hartfield, 1997; Ewel, 1999).

1.1.1: Classes de terreno dominantes na Nigéria influenciadas pela precipitação

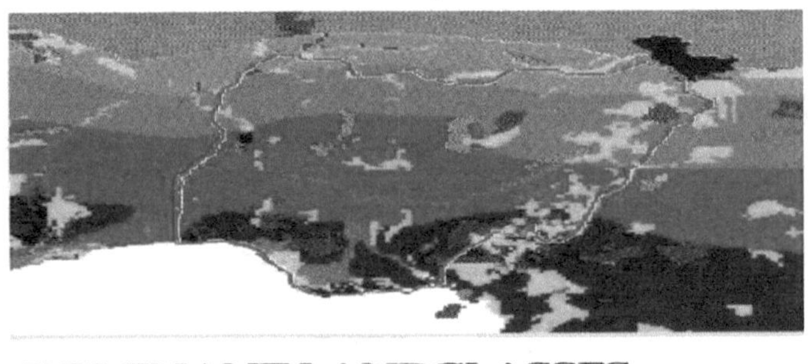

Figura 1: Classes de terras dominantes influenciadas pela precipitação
[Fonte: Agricultura, Rumo a 2010-FAO, Roma 1993].

Figura 2: Tendências na distribuição da precipitação na Nigéria, 1970-1994 (mm) [fonte: FAO, 1998]

Figura 3: Mapa da Nigéria (Fonte: Motherland Nigeria)

A maior parte do sudoeste da Nigéria está classificada como zona geo - ecológica de floresta tropical. No entanto, os impactos humanos através da agricultura e das actividades de queima de arbustos associadas levaram a uma degradação acentuada da vegetação.

Por conseguinte, a maior parte do sudoeste da Nigéria está atualmente classificada como savana derivada (isto é, derivada da floresta tropical). Esta mudança na cobertura do solo afectou provavelmente os padrões de precipitação. Os padrões de precipitação imprevisíveis e erráticos exigem a necessidade de complementar a agricultura de sequeiro nesta região com irrigação. A utilização de fertilizantes, para além da irrigação, pode aumentar a produtividade das culturas dos pequenos agricultores, na sua maioria pobres. No entanto, o acesso a instalações de irrigação torna-se um problema porque nem todos os agricultores têm acesso a projectos de irrigação no Sudoeste da Nigéria. Factores como os elevados custos de investimento inicial, informação inadequada ou falta de informação sobre os seus benefícios e utilização e formação inadequada sobre a sua utilização impedem os pequenos agricultores de recorrer à irrigação, mesmo quando as instalações estão disponíveis. A utilização adequada da irrigação através da investigação dos seus benefícios é, portanto, necessária devido aos seus impactos conhecidos na melhoria dos meios de subsistência das famílias de agricultores.

O crescimento da população e o aumento do rendimento no sudoeste da Nigéria exigem a expansão da produção agrícola, especialmente a produção de géneros alimentícios para satisfazer a maior procura. Uma possibilidade importante de aumentar a produção agrícola é expandir o potencial de produção da terra, que está disponível de forma limitada, através da criação de sistemas de irrigação. Para utilizar este potencial, são necessárias múltiplas actividades consequentes, tais como alterações nos sistemas de produção e a introdução simultânea de factores de produção agrícola que aumentem o rendimento. No entanto, uma vez que a água é também um fator que se está a tornar escasso devido à crescente competição por outros fins (domésticos, industriais, etc.), a gestão da terra e da água é considerada consequentemente como a condição desde qua non para aumentar a produção e a produtividade (Framji, 1984). Caso contrário, o potencial de produção alcançado com a ajuda de investimentos monetários e não monetários elevados não é utilizado adequadamente e deve, por conseguinte, ser considerado como um mau investimento social. De facto, são expressas opiniões contraditórias quanto à adequação da expansão do potencial de produção através do desenvolvimento de sistemas de irrigação com elevados custos de investimento no âmbito do processo de desenvolvimento. É mesmo defendida a opinião de que o estabelecimento de um sistema de irrigação alargado impede o desenvolvimento económico e social induzido endogenamente. Por um lado, o capital para investimentos alternativos fica congelado, o que só leva a um aumento da produtividade da terra, mas não da produtividade do trabalho, que é muito mais importante. Por outro lado, esta situação dificulta as possibilidades de gerar mais capital real para investimentos noutros sectores (Hesse, 1982). A agricultura de regadio é mesmo caracterizada como uma "armadilha do desenvolvimento" (Hesse, 1983), uma vez que impede a necessária mudança estrutural da economia (Boserup, 1965; Brandt, 1979). É claro que, se os sistemas de irrigação forem adequadamente utilizados e as tecnologias de aumento de rendimento forem aplicadas simultaneamente, a produtividade do trabalho também pode ser aumentada através do aumento da produtividade da terra, ou seja, podem ser criadas as condições para uma mudança estrutural económica. Contudo, nas sociedades em desenvolvimento (como os Estados do Sudoeste da Nigéria), a utilização óptima do potencial de irrigação é dificultada por múltiplos estrangulamentos e erros evitáveis. Por isso, as formas de organização e gestão da irrigação adaptadas às condições naturais e sociais são consideradas factores importantes para uma melhor utilização. No entanto, os agricultores, enquanto utilizadores finais da água, devem também ser objetivamente habilitados a utilizar este potencial de acordo com as suas limitações. Para além da disponibilidade de instituições de serviços para a produção agrícola (extensão, tecnologias apropriadas, etc.), isto também envolve o fornecimento adequado de água de irrigação. Além disso, é necessário ultrapassar estrangulamentos consideráveis no sistema de utilização das terras pelos agricultores. Muitas vezes, as decisões erradas começam já a ser tomadas aquando da conceção técnica dos sistemas e são levadas mais longe na criação de organizações de irrigação e em formas inadequadas de práticas de gestão. Assim, é possível verificar, de facto, uma certa estrutura de interesses por parte de técnicos, políticos, administradores, peritos estrangeiros e investidores, entre outros. Esta estrutura conduz, por exemplo, à criação de sistemas dispendiosos, de grandes dimensões e tecnicamente sofisticados. Assim, as chamadas compulsões do objeto em questão (Sachzwang) são muitas vezes apenas os interesses ocultos dos decisores. Depois, tendo como pano de fundo o ambiente e a experiência socioeconómica, política, administrativa e institucional, os sistemas podem ser caracterizados como sendo inadequados e, assim, levar a uma subutilização do potencial criado (cf., por exemplo, Carutherers / Clark, 1981; pp. 201; Manig, 1984a; pp. 16; Wade, 1980, pp. 107). Existem muitos sistemas de irrigação utilizados para diferentes tipos de culturas, mas esta investigação centra-se mais na irrigação gota a gota simplificada (ou seja, não sofisticada) para satisfazer as necessidades de irrigação do cacau - uma cultura muito importante para a economia da Nigéria. Para muitas paisagens, a irrigação por gotejamento é a melhor maneira de regar. Este método é superior à aspersão ou rega manual simplesmente devido à sua eficiência.

Capítulo 2.0 Hipótese e objectivos

2.1 Hipótese de estudo

A atual insegurança hídrica e alimentar no sudoeste da Nigéria, associada ao aumento da população rural e urbana, levanta as seguintes questões Qual é o nível de acesso à irrigação nesta região? Quais são os factores determinantes do acesso dos agricultores aos projectos de irrigação ou à utilização da água de irrigação? Quais são as decisões de produção agrícola e de investimento relacionadas com a água tomadas pelos agregados familiares (agrícolas) e como podem ser melhoradas para otimizar a utilização da irrigação? Quais são os benefícios que acompanham a utilização da irrigação? Quais são os efeitos das propriedades do solo no rendimento das culturas? O presente estudo abordará as questões levantadas. Assim, as hipóteses de estudo desta investigação serão:

(a) A utilização de água ou de projectos de irrigação pelos agricultores depende do seu nível de educação e do acesso ao mercado

(b) A irrigação (água) é um meio viável de aumentar os meios de subsistência dos pequenos agricultores do sudoeste da Nigéria.

2.2 Objectivos da investigação

Com base nas questões acima levantadas, este estudo visa atingir os seguintes objectivos

(1) Examinar os principais factores que determinam a utilização da água de irrigação pelos agricultores

(2) Investigar os benefícios derivados da utilização da irrigação

(3) Aceder a outras utilizações alternativas da água de irrigação

(4) Investigar as propriedades do solo e os factores de gestão das explorações agrícolas selecionadas no sudoeste da Nigéria e estimar o seu efeito no rendimento das culturas

Capítulo 3.0 Revisão da literatura

3.1 A importância e a necessidade de melhorar a gestão da irrigação

Até há uma década atrás, a irrigação era considerada como o instrumento padrão para melhorar a situação alimentar e substituir as importações de alimentos para os países do terceiro mundo. Hoje, parece que o desenvolvimento das culturas arvenses está muito aquém das expectativas que lhe foram depositadas. Terão sido ilusórias as esperanças depositadas nas técnicas de irrigação, quando se pensava que eram precisamente estas as técnicas que abririam caminho à aplicação de um pacote tecnológico e, a partir daí, à "revolução verde". De facto, alguns países, nomeadamente da Ásia Central e Oriental, devem à irrigação rendimentos agrícolas mais elevados do que alguma vez conheceram. Entre 1970 e 1980, a produção de cereais na Índia aumentou cerca de 25% e, na China, cerca de 46%. Este aumento da produtividade fala por si. É também incontestável que a importância da irrigação está a aumentar. Aqueles que pensavam que os espectaculares fracassos se deviam essencialmente à falta de competências dos especialistas no manuseamento das instalações técnicas e que acreditavam que a produção aumentaria efetivamente quando os agricultores se familiarizassem com as instalações e com o pessoal operacional que recebeu formação técnica, ficaram frequentemente desiludidos. Mesmo depois, os sistemas continuaram a não ser bem sucedidos. As medidas de formação e as reparações, por si só, não eram evidentemente suficientes para garantir a fiabilidade operacional da instalação de irrigação a longo prazo.

Qual era então a razão para a persistência dos problemas e para a ausência de qualquer aumento de rendimento? A abordagem do planeamento e as considerações económicas estavam evidentemente demasiado afastadas da realidade. Reconhecia-se, sem dúvida, que os projectos de irrigação eram sistemas sócio-técnicos complexos, que implicavam uma estreita interação entre as instalações de engenharia de irrigação e o comportamento social dos seus utilizadores. Reconhecia-se também, sem dúvida, que este tipo de sistemas necessitava de soluções adaptadas e optimizadas, tendo em conta tanto as exigências técnicas, económicas, administrativas e jurídicas como as condições sócio-culturais e ecológicas do seu ambiente. Qual era, porém, o instrumento que permitiria satisfazer estas múltiplas e variadas exigências? A experiência demonstrou que os problemas que surgiram não se devem tanto aos pontos fracos técnicos, mas antes às deficiências estruturais e operacionais dos sistemas de irrigação. A análise dos desenvolvimentos mal sucedidos serve para confirmar a opinião generalizada atualmente de que as principais condições para que os sistemas de irrigação prosperem são:

- Uma forma de organização adaptada às condições locais
- Uma gestão que reage a situações específicas de forma adequada

A "gestão da rega específica da situação" é, portanto, a fórmula para o novo problema que se coloca. Esta nova orientação na avaliação e conceção das instalações de irrigação exige uma reformulação radical. De repente, já não são as ciências da engenharia que têm o mesmo tempo; as questões técnicas já não gozam da prioridade que lhes era atribuída anteriormente. A gestão não é apenas uma questão de fornecer a quantidade certa de água às culturas no momento certo. Para além do processo de distribuição da água, a gestão deve também ter em conta as questões sociais, económicas e jurídicas (Svendson, 1988). A gestão da irrigação é, portanto, uma tarefa situada na fronteira entre a engenharia e as ciências sociais, e uma tarefa que os especialistas frequentemente ainda designam como "novo terreno interdisciplinar". Estamos ainda no início de um desenvolvimento que está a ser promovido e apoiado em grande medida por instituições de renome e Internacionalmente activas, tais como (Huppert, et. al, 1988):

(i) A Agência Alemã de Cooperação Técnica (GTZ) GmbH (atualmente GIZ)

(ii) O Instituto Internacional de Gestão da Água (IWMI)

(iii) Instituto de Desenvolvimento Ultramarino (ODI)

Os seus grupos de reflexão estão a desenvolver novos conceitos e estratégias, aplicando a teoria da gestão e da organização, e estes conceitos e estratégias estão a ser preparados para aplicação prática, avaliando uma grande quantidade de experiências, dados e factos. Os resultados estão a ser aguardados com grande expetativa.

A gestão das águas agrícolas e os sistemas de irrigação podem ser organizados de várias formas, por exemplo:

i. Como uma empresa única (apenas um proprietário da terra e da água em conjunto), quer com gestão hierárquica e mão de obra contratada, quer com gestão e mão de obra cooperativa;

ii. Como uma sociedade parcialmente cooperativa de proprietários independentes que gerem a água coletivamente de acordo com direitos e deveres mutuamente estabelecidos;

iii. Como um sistema de utilidade pública com proprietários independentes que dependem de um sistema de gestão da água que é operado por uma entidade separada (muitas vezes imposta pelo governo).

Existem classificações mais refinadas (Walker 1981, Bottrall 1978, Chambers 1981), mas para o objetivo deste trabalho é preferível a subdivisão mais geral acima referida. O tipo de organização de empresa única pode ser encontrado em países com governos fortemente centralizados, mas é também um resquício da dominação colonial. A maior parte dos sistemas de gestão da água organizados segundo este modelo são modernos e muito técnicos, mas também existem sistemas tradicionais (muitas vezes baseados na cultura em parcelas). Em termos de superfície, os sistemas de empresa única são relativamente pouco comuns no mundo. Os sistemas parcialmente cooperativos estão intimamente ligados aos métodos tradicionais de irrigação. Caracteriza-se geralmente por ser de pequena escala. O sistema de serviços públicos controlado pelo governo ganhou cada vez mais importância durante o último século e, atualmente, é de longe o sistema mais utilizado. Deve a sua atual popularidade ao facto de cada vez mais governos estarem a tomar a seu cargo o desenvolvimento dos recursos hídricos. As razões para tal são várias:

i. Os recursos hídricos estão a ser cada vez mais considerados como uma preocupação internacional e nacional, o que é compreensível, uma vez que a água, ao contrário da terra, pode ser um recurso muito transitório;

ii. Os governos estão a ser estimulados pela escassez nacional de alimentos e pelas necessidades de exportação e importação a aumentar os seus esforços de controlo da produção agrícola;

iii. medida que os recursos hídricos adicionais se tornam mais escassos, são necessárias tecnologias cada vez mais avançadas, que estão fora do alcance da população rural, para o seu desenvolvimento.

[th]O início do século XX assistiu à implementação de projectos maciços de irrigação e controlo de cheias sob a forma de sistemas de serviços públicos controlados pelo governo. Nas antigas colónias, isto ocorreu principalmente sob administração colonial, mas nos países em desenvolvimento que já tinham alcançado a independência (por exemplo, a Nigéria e alguns países africanos e latino-americanos), os projectos deste tipo foram iniciados por governos fortes e instituições privadas. Estes projectos ou evoluíram separadamente dos esquemas tradicionais existentes ou incorporaram-nos e alteraram-nos profundamente. A ampla disponibilidade de terra e de recursos hídricos, juntamente com impressionantes realizações técnicas, tornaram geralmente os projectos muito bem sucedidos, mas também se ouviram observações críticas. Palmer - Jones (Palmer - Jones 1981) cita um relatório de 1925: "Ao começar com um canal muito pequeno e ao efetuar um trabalho experimental, foi dado um início muito mais sólido do que foi possível em muitos países, onde foram frequentemente cometidos erros irrevogáveis em grande escala antes de se iniciar o trabalho experimental".

A disponibilidade cada vez menor de terras adicionais e de recursos hídricos de boa qualidade e os crescentes efeitos ambientais negativos limitaram fortemente, nas últimas décadas, a convicção de que os novos projectos de irrigação e de controlo das inundações têm, normalmente, grandes hipóteses de êxito. Este reduzido sentimento de otimismo é reforçado pela perturbação social devida ao rápido crescimento da população, pela consequente discrepância entre os objectivos nacionais e as motivações dos agricultores e pela consequente situação de gestão deficiente. No entanto, as atitudes realistas que aparecem na literatura recente ainda não estão generalizadas e parece que as lições aprendidas neste domínio não são transmitidas ou não são aceites ou são simplesmente evitadas. Atualmente, a falta de sucesso não é apenas atribuída a situações naturais problemáticas, mas também a condições e efeitos sociais deficientes ou indesejados. Nos anos setenta, verificou-se uma tendência para "selecionar os projectos de desenvolvimento da terra e da água com base em objectivos de desenvolvimento de base ampla de distribuição de rendimentos, serviços sociais, promoção do emprego, etc., em vez de critérios puramente técnicos e económicos" (Schulze, et al., 1980).

Ao fazê-lo, verificou-se que não só os projectos governamentais mais recentes, mas também os mais antigos, apresentavam deficiências quanto aos seus efeitos sociais positivos (Barnett, 1977). Além disso, verificou-se que o funcionamento e a manutenção dos projectos mais antigos e mais recentes tinham um desempenho deficiente (Bottrall, 1978). As deficiências nos projectos de irrigação podem ser distinguidas em termos de preconceitos de investigação (Chambers, 1981):

1. Um viés de acessibilidade: as áreas acessíveis recebem relativamente mais atenção do que as mais modestas;

2. Um viés de proeminência: os projectos proeminentes recebem relativamente mais atenção do que os mais modestos;

3. Uma tendência para a fase inicial: as fases iniciais, de curto prazo, de um projeto recebem relativamente mais atenção do que as fases posteriores (rotina de operação e manutenção);

4. Um enviesamento temático: a investigação concentra-se em temas quantificáveis e aspectos publicáveis, e há uma tendência para continuar a investigação que está em voga em vez de se lançar em novas questões;

5. Um viés político (diplomático): as questões politicamente sensíveis não são investigadas ou, se o são, a discussão dos resultados é tabu;

6. Um viés profissional (disciplinar): as prioridades de investigação são geradas menos pela situação da população rural do que pela preocupação dos profissionais.

Estes preconceitos fazem-se sentir especialmente nos países em desenvolvimento. Muitas agências nos países em desenvolvimento procuram aconselhamento técnico no mundo industrializado que, devido à natureza temporária do seu trabalho, tem um envolvimento relativamente breve com um determinado projeto. Uma vez que o agricultor médio não tem influência ou educação suficientes para testar as propostas de desenvolvimento em relação aos seus próprios objectivos e requisitos, não é uma contraparte muito forte. Se os profissionais locais ficarem convencidos de que as ideias e técnicas modernas trazidas pelos especialistas estrangeiros ou adquiridas em estudos no estrangeiro oferecem as únicas soluções para um problema, as pessoas do campo podem ter de aceitar as inovações, mesmo que estas não tenham uma relação direta com as realidades da sua situação. Muitas vezes, as inovações não resultam das questões colocadas pelos agricultores tradicionais, mas sim das questões colocadas pelas autoridades urbanas (Lipton, 1977). Perante a procura de uma maior produção agrícola, por um lado, e os resultados muitas vezes decepcionantes dos projectos de irrigação, por outro, alguns investigadores concluíram que, no futuro, os projectos de irrigação devem enfatizar a promoção do desenvolvimento em pequena escala, a aplicação de tecnologias apropriadas (isto é, de baixo custo e de mão de obra intensiva) e o envolvimento ativo da população local. Os estudos e a conceção devem basear-se numa abordagem integrada, em vez de se basearem numa série de conclusões isoladas, e o papel do agricultor deve ocupar um lugar de destaque em todas as considerações: O projeto deve ter em conta a forma como um agricultor ou um grupo de agricultores pode ou vai utilizar a água (Jurriens, 1980; FAO, 1972).

Os pontos de vista acima são apoiados pelo facto de os desenvolvimentos modernos na irrigação poderem ser ineficazes ou contraproducentes. As condições naturais não são, muitas vezes, como se supõe que sejam por especialistas tendenciosos e decisores distantes, e os agricultores não são factores de produção que farão automaticamente o melhor uso dos meios oferecidos. Têm muitas preocupações, que resultam do seu sistema agrícola total e da sua posição na comunidade; por conseguinte, têm muitos interesses contraditórios. A melhor forma de resolver estes problemas é através da Gestão Integrada dos Recursos Hídricos (FAO 1972). Em termos de conceção prática, implementação e operação de obras de controlo de água, os três (3) fenómenos seguintes são frequentemente encontrados:

1. Os rácios custo-benefício são quase invariavelmente sobrestimados e, muitas vezes, não incluem todos os danos possíveis decorrentes de efeitos secundários negativos (Oosterbaan, 1982). À medida que um projeto se aproxima da sua conclusão, são frequentemente necessárias despesas adicionais consideráveis para atingir plenamente os benefícios previstos. Argumenta-se então que os rácios custo - benefício não só permanecem favoráveis porque os custos iniciais são custos

irrecuperáveis, mas que os investimentos iniciais serão perdidos se não forem efectuadas despesas adicionais.

2. Os preços dos produtos agrícolas são propositadamente mantidos a níveis baixos, a fim de encontrar um mercado na cidade. Este facto desencoraja os incentivos à produção entre os agricultores e cria suspeitas. As relações entre os pequenos agricultores e trabalhadores rurais e os ricos proprietários e burocratas podem tornar-se tensas, afectando assim negativamente a produção agrícola (Lipton, 1977).

3. Há muitos comportamentos "irracionais" nas populações rurais, por exemplo, o ciúme. Níveis de lucro variáveis num projeto podem causar fricção e, em casos extremos, levar mesmo ao boicote. O facto de um grupo se tornar mais rico do que proporcionalmente pode despertar receios de uma distribuição desigual dos rendimentos suplementares e de um domínio financeiro. Os lucros absolutos não desempenham necessariamente um papel na mente dos agricultores, tal como os lucros relativos: um pequeno lucro pode ainda ser sentido como uma perda se outros tiverem lucros maiores.

As avaliações de projectos de irrigação de pequena escala no Quénia e noutros países africanos (Kortenhorst, 1983) mostraram que o desenvolvimento da terra e da água para um grupo sócio-cultural não deve ocorrer à custa do sistema agrícola de outro. Além disso, aumentar a liderança de alguns aldeões empreendedores, excluindo a grande maioria dos que mais necessitam de oportunidades de desenvolvimento, criaria, a longo prazo, mais problemas do que os que seriam resolvidos. Nesse caso, seria preferível rejeitar o projeto por completo. Em resumo, o potencial de desenvolvimento da irrigação diminuiu no último século. Há preconceitos nos níveis mais elevados de planeamento: há interesses contraditórios nos níveis de base da irrigação prática, e há uma falha de comunicação entre os dois níveis. No entanto, as autoridades estatais e governamentais desejam exercer um maior controlo sobre os recursos hídricos e aplicar técnicas modernas aos sistemas de irrigação tradicionais existentes, aos assentamentos de irrigação em grande escala e aos novos projectos. Por conseguinte, pode colocar-se a questão: o desenvolvimento moderno será um alívio ou um sofrimento?

A resposta a esta pergunta será procurada nas páginas seguintes. Basear-nos-emos numa série de estudos de casos de diferentes tipos de projectos de irrigação (e alguns de controlo de cheias), incluindo esquemas com novas povoações e esquemas que visam melhorar ou mesmo substituir sistemas tradicionais. A questão não é nova, e muitos investigadores já tentaram responder-lhe, entre eles os autores citados até agora. No entanto, qualquer contribuição para a discussão, por mais pequena que seja, pode ajudar a obter mais informações sobre o complexo de factores conhecidos por um público mais vasto. Como parece que, na prática, muitos aspectos importantes continuam a ser ignorados, ou simplesmente postos de lado, a divulgação de conhecimentos neste domínio é uma questão urgente. Uma reflexão crítica sobre os actuais projectos de irrigação nos países em desenvolvimento revelará que estes frequentemente não produzem os resultados esperados. Esta avaliação geral pode ser ilustrada pelas tendências negativas que estão a emergir em todo o mundo em conjunto com os projectos de irrigação:

1. Distribuição irregular e pouco fiável de recursos hídricos limitados (o problema da cauda - desperdício considerável de água nas partes superiores de um sistema que provoca uma grave escassez nas partes inferiores)

2. Baixos níveis de eficiência de irrigação

3. Problemas graves de salinização

4. Baixos rendimentos das culturas

5. Um grande número de projectos de irrigação que necessitam urgentemente de reabilitação

Dois exemplos numéricos servirão para ilustrar as proporções alarmantes destas tendências:

(a) A eficiência global dos projectos de irrigação na Nigéria e noutros países em desenvolvimento situa-se muitas vezes apenas entre 10 e 20%

(b) De acordo com as previsões da Conferência da Água efectuadas em 1977, a quantidade de novas terras irrigadas necessárias até 1990 para os países em desenvolvimento que têm uma economia de mercado será de 22 milhões de hectares (em comparação com 45 milhões de hectares de terras já irrigadas que terão de ser recuperadas)

3.2 Subutilização da capacidade de irrigação e do potencial de produção

Todas as primaveras, o medo da seca paira sobre grande parte de África. A miséria humana que já causou é impressionante. Grandes partes do continente são áridas ou semi-áridas e os agricultores têm poucas esperanças de obter bons rendimentos sem algum tipo de irrigação. Embora a irrigação seja atualmente praticada em cerca de 14,5% das terras aráveis do mundo, em África essa percentagem é de apenas 2% (em comparação com 29% na Ásia). No entanto, algumas pessoas acreditam que a irrigação é um luxo e não uma necessidade nesta região. Uma das razões é que a experiência de África com projectos de irrigação tem sido mista. Um relatório recente sobre irrigação na região indica que cerca de 75% de todos os projectos analisados pelos autores alcançaram ou excederam a taxa de retorno económico esperada e que os custos de construção não foram muito diferentes dos de outras partes do mundo. Ao mesmo tempo, alguns grandes projectos falharam. Além disso, noutros casos, os benefícios ficaram aquém dos objectivos do projeto, especialmente no que diz respeito aos rendimentos. Também as áreas já irrigadas foram consideravelmente menores do que o previsto, embora os investimentos de capital tenham atingido 25 000 dólares por hectare (e mesmo 45 000 dólares no Gana) em alguns projectos. Estes resultados tornaram muitos investidores cépticos quanto à sensatez de iniciar novos projectos de irrigação em África. Quando um grande sistema de irrigação é construído, observa-se frequentemente o fenómeno de que a capacidade de irrigação disponível, por um lado, e o potencial de produção agrícola, por outro, não são totalmente utilizados. Os recursos disponíveis não são utilizados de forma produtiva. A fim de utilizar este potencial, recomenda-se então que as taxas de água sejam examinadas, o que deve ocorrer a dois níveis:

1. A capacidade de irrigação não é parcialmente utilizada, por exemplo, devido a este facto, não há uma grande procura de água e parte da capacidade é subutilizada. Uma redução das taxas, por exemplo, para o nível dos custos marginais, faz com que a procura de água aumente. Mas isto significa subsidiar a irrigação. A melhor utilização da capacidade tem, por sua vez, consequências para o valor das taxas. Por conseguinte, a recomendação, neste caso, é reduzir as taxas de água.

2. O potencial de produção dos agricultores é subutilizado ("slack"), quando são

utilizados métodos tradicionais de cultivo, mas especialmente após a construção de um sistema de irrigação, ou seja, as possibilidades de intensificação não são suficientemente exploradas. A imposição de taxas elevadas em geral (impostos) e de taxas / ou de água obriga os agricultores a utilizar de forma óptima o potencial disponível, melhorando a combinação dos factores de produção e intensificando a sua utilização. Caso contrário, as taxas devem ser pagas com o rendimento disponível e o nível de vida diminui. Por conseguinte, o conselho, neste caso, é aumentar as taxas.

Primeiro são recomendadas taxas baixas e depois taxas elevadas. Esta discussão não é apenas de interesse académico, mas é também relevante sempre que se trata da fixação de impostos agrícolas (por exemplo, nos parlamentos dos estados federais na Índia). As duas posições opostas reflectem os interesses antagónicos, bem como os conceitos específicos da política de desenvolvimento. A questão decisiva é se a capacidade de irrigação e o potencial de produção dos agricultores são, de facto, parcialmente utilizados apenas quando todas as condições de produção dos utilizadores da água são tidas em consideração. Será que a melhoria da utilização dos recursos pode ser conseguida através de um ajustamento primário do montante das taxas? Na realidade, pode observar-se que a capacidade não é totalmente utilizada depois de as instalações de irrigação terem sido disponibilizadas. No entanto, esta subutilização enquanto tal só pode ser verificada quando factores importantes, que são essenciais para melhorar a utilização dos recursos, são simplesmente ignorados:

(a)Construção inadequada e apropriada de canais de irrigação e de canais de campo, de modo a que a região destinada à irrigação não possa, na sua área total, ser abastecida de água.

(b) A utilização do potencial de irrigação requer geralmente uma reestruturação completa do sistema de produção agrícola (padrão de cultivo, diversificação e aumento da intensidade). Mas esta reestruturação só pode ser implementada a longo prazo. Isto requer a transferência ativa de conhecimentos sobre novos padrões de cultivo (extensão agrícola).

(c) Para utilizar o potencial, são necessários serviços e recursos complementares (introdução de novas culturas, sementes, fertilizantes e proteção fitossanitária) que, por sua vez, são geralmente financiados pelo crédito. Para o efeito, é necessário, além disso, melhorar o sistema de comercialização e praticar uma política de preços adequada. No entanto, é necessário garantir que todos os agricultores tenham efetivamente acesso a todas as instituições de serviços. Naturalmente, isto significa, de um modo geral, que os agricultores devem ser integrados mais intensamente no mercado.

(d) Os obstáculos institucionais impedem uma utilização óptima dos recursos. Num sistema de propriedade fundiária em que a terra é distribuída de forma desigual e em que predomina, por exemplo, a cultura em comum, não se pode esperar uma intensificação da produção se os rendeiros tiverem de suportar todos os custos adicionais e partilhar o rendimento.

Por conseguinte, as taxas elevadas não são responsáveis pela subutilização da capacidade de irrigação e também não estimulam um aumento da produtividade agrícola se outros sectores funcionarem como obstáculos. De um modo geral, só uma abordagem global do desenvolvimento pode melhorar a plena utilização da capacidade de irrigação e o potencial de produção. Assim, o montante das taxas de água só pode ser um fator marginal. O simples ajustamento das taxas não tem certamente qualquer efeito. No entanto, se todos os serviços e recursos complementares estiverem disponíveis e acessíveis, e se o ambiente institucional e político for favorável, então, as taxas elevadas em geral (impostos) e as taxas da água também podem ter um efeito estimulante; como meio obrigatório de utilizar os recursos de forma óptima. [th]Um exemplo clássico deste processo bem sucedido é o Japão no final do século XIX.

3.3 O agricultor de regadio em conflito com o capital, a administração e a tecnologia

A irrigação e a utilização mais eficiente dos recursos hídricos é uma questão fundamental para muitos sistemas de utilização dos solos. A tecnologia e a organização podem ser autóctones, adaptadas ou impostas. As elites nacionais, bem como as agências de ajuda ao desenvolvimento, estavam sobretudo interessadas em aumentar a produção. Mas as ideias e as necessidades da população envolvida e implementadora foram pouco ou tardiamente consideradas. Os iniciadores, na sua maioria, não queriam operar os seus projectos com mão de obra remunerada, mas sim com os agricultores locais. Consequentemente, o planeador só podia prever ficticiamente a reação dos agricultores e não dispunha de meios de execução suficientes. Abordagens do tipo "isto quero, logo encomendo", ou isto quero, logo pago" raramente tiveram êxito. Só depois dos fracassos é que se recorria a estudos socioeconómicos ou a estudos socioeconómicos ou a conselhos de alívio sociopedagógico. Estudos abrangentes, multidisciplinares e orientados para o sistema podem esclarecer "mal-entendidos", que anteriormente impediram a utilização racional dos recursos e levaram à compulsão para a repetição e para a escalada de utilizações incorrectas. No entanto, estes estudos ainda deixam em aberto a forma como os iniciadores escolherão para resolver o problema. São possíveis duas soluções se a gestão do projeto e os agricultores utilizarem meios antagónicos, mas insuficientes e dispendiosos, para se orientarem mutuamente:

i. o caminho tentador para a "vitória": produção sob controlo apertado; despotismo oriental ou, por outro lado, revolução camponesa

ii. a decisão de uma ação democrática e comunicativa

O planeador do sistema, portanto, enquanto aumenta a sua compreensão dos problemas, deve decidir sobre as questões (Albrecht, 1982):

i. Racionalização da produção com regras estritas e aplicação sem entraves dos objectivos ou

ii. Desenvolvimentos emancipados, com o planeador aberto a perguntas.

3.4 O potencial de irrigação da África Subsariana

Estão disponíveis duas estimativas do potencial de irrigação da África Subsariana (ASS). Uma, preparada pela Organização das Nações Unidas (ONU) para a Alimentação e a Agricultura (FAO), abrange todo o continente; a outra, preparada pelo Banco Mundial com o apoio do PNUD, abrange seis países. No presente debate, os resultados mais específicos do segundo são utilizados para reavaliar os resultados mais gerais do primeiro. Este exercício produz uma avaliação mais realista do provável potencial de irrigação da região. A África a sul do Sara irriga cerca de 5 milhões de hectares. A área irrigada tem vindo a crescer a um ritmo de cerca de 150 000 hectares por ano desde meados da década de 1960. Isto equivale a 5% por ano em 1965-74 e a menos de 4% por ano em 1974-82. 70% do total das áreas irrigadas situa-se em três países: Sudão (1 750 000 hectares, 35%), Madagáscar (960 000 hectares, 20%) e Nigéria (850 000 hectares, 17%). Quatro outros países - Mali, Tanzânia, Zimbabué e Senegal, que irrigam entre 100.000 e 160.000 hectares - cobrem outros 530.000 hectares, ou seja, 10% da área irrigada. Os governos destes vários países desenvolveram 2,1 milhões de hectares, principalmente no âmbito de grandes sistemas modernos; os métodos tradicionais foram utilizados em 2,4 milhões de hectares e os restantes 0,5 milhões de hectares foram desenvolvidos pelo sector privado moderno. De acordo com as estimativas da FAO, estes 5 milhões de hectares contribuem com 10% (5,3 milhões de toneladas) para o abastecimento regional de cereais e com 6 a 8% para o abastecimento de raízes e legumes. O potencial total de irrigação da ASS é de cerca de 33,6 milhões de hectares (FAO, 1986, Relatório do BM de 1987). Embora pareça ser uma área bastante pequena, os potenciais de irrigação são de facto menores.

As estimativas da FAO tendem a ter um viés ascendente, em parte porque se baseiam no solo adequado localizado numa proximidade razoável de escoamento superficial adequado de colinas e montanhas - ou em áreas aluviais com recarga substancial de águas subterrâneas - em zonas que têm a mesma duração de período de crescimento. Foram assumidas eficiências bastante elevadas para o exercício, e as zonas de período de crescimento podem atravessar bacias hidrográficas. Esta metodologia é adequada para uma estimativa de reconhecimento a nível continental, mas os resultados são demasiado gerais e significativos em termos operacionais. Além disso, a escala em que as estimativas foram produzidas (1:500.000) é demasiado grande para dar resultados significativos a nível nacional. Além disso, como a FAO trabalha a partir de estimativas de disponibilidade de água, os seus valores relativos ao potencial de irrigação estão positivamente correlacionados com a precipitação. Oito dos 10 países considerados como tendo o maior potencial (1,2 milhões de hectares ou mais) registam uma precipitação substancial em grande parte do seu território. Estes países são Angola, Zaire, Zâmbia, Moçambique, Tanzânia, Nigéria, República Centro-Africana e Madagáscar. Embora possam ter um potencial "técnico" - no sentido de terra suficiente e, obviamente, água suficiente - a irrigação pode revelar-se desnecessária em muitas destas áreas, precisamente porque a precipitação é adequada. O potencial total de irrigação estimado pela FAO para estes 8 países é de 24 milhões de hectares, o que representa mais de 70% da estimativa para toda a região. O Banco Mundial desenvolveu uma metodologia para produzir avaliações mais pormenorizadas do potencial de irrigação em países individuais. A metodologia foi testada com sucesso em 10 países, 6 dos quais (Mali, Sudão, Botswana, Quénia, Zâmbia e Zimbabué) estão na ASS. Neste caso, as estimativas do potencial de irrigação foram preparadas numa base de projeto a projeto. Assim, ambos podem ser ligados fisicamente através de instalações de engenharia. Estas estimativas - embora custem mais e demorem mais tempo a produzir - estão mais próximas do "verdadeiro" potencial de cada país. Para cinco dos seis países da África Subsariana estudados (excluindo a Zâmbia, por razões explicadas abaixo*), o potencial de irrigação está estimado em 3,7 milhões de hectares. Este valor é 15% inferior aos 4,4 milhões de hectares estimados pela FAO para os mesmos países (FAO 1986). Se a mesma proporção (85%) se mantivesse para o continente em geral, uma melhor estimativa do potencial de irrigação da região seria de cerca de 28,5 milhões de hectares (é claro que há margem para contestação nestes pontos devido a uma base de dados ainda em desenvolvimento). *Esta hipótese parece ser apoiada por dados da Nigéria. Em 1986, o governo da Nigéria elaborou um projeto de plano diretor da água, no âmbito de um projeto de assistência técnica da FAO. Este plano estima que o potencial de irrigação do país é de cerca de 1,2 milhões de hectares. Este número diz respeito quase exclusivamente à irrigação moderna. A irrigação moderna e a irrigação em pequena escala são competitivas na Nigéria, e o desenvolvimento da primeira reduz a quantidade de água disponível para a segunda. Por conseguinte, se as estimativas da FAO de 2 milhões de hectares incluírem a irrigação em pequena escala e a estimativa do Governo não incluir, o "verdadeiro" potencial de irrigação da Nigéria deverá situar-se algures entre os dois. O ponto médio da estimativa, ou seja, 6 milhões de hectares, é 20% inferior à estimativa da FAO.

3.5 Produção de cacau no sudoeste da Nigéria

Um dos muitos factores responsáveis pelo declínio da produção de cacau no sudoeste da Nigéria é o envelhecimento das explorações de cacau. Muitas explorações têm mais de 40 anos e constituem, atualmente, 60% das explorações de cacau do país (Adegeye, 1997). Estas explorações de cacau são principalmente do tipo *Amenalado*, ao contrário do híbrido que está atualmente a ser introduzido nos agricultores com o objetivo de aumentar os rendimentos. O rendimento destas antigas explorações diminuiu acentuadamente e algumas produzem menos de 300 kg por hectare. A gestão de explorações grandes e improdutivas torna a monda dispendiosa e a colheita é dificultada pelo facto de as vagens maduras se encontrarem em árvores dispersas. A produção de cacau na Nigéria é geralmente caracterizada por pequenas explorações agrícolas. Em contraste com a prática geral noutros sistemas agrícolas de culturas permanentes, a dimensão média das explorações de cacau nigerianas é muito pequena (4 - 6 ha). A densidade de plantação nas pequenas explorações familiares é de cerca de 1.000 a 1.300 árvores por hectare, com plantação escalonada. Enquanto as árvores de cacau são jovens, os fertilizantes raramente são aplicados; no entanto, isto é feito quando as árvores começam a produzir, mas normalmente em quantidades abaixo do padrão recomendado. O mesmo se aplica a outros factores de produção, como os produtos químicos para proteção das plantas. A produção é caracterizada por um baixo nível de tecnologia, que se baseia em alfaias manuais, como cutelos e enxadas. Nas parcelas jovens, os pequenos agricultores utilizam bananeiras e culturas alimentares para criar um microclima favorável às plantas jovens de cacau, bem como para alimentar a família agrícola e obter um rendimento monetário indispensável antes da colheita do cacau.

O ano de cultivo do cacau, que se distingue do ano de comercialização do cacau, começa quando o ar húmido (a massa de ar Marítimo Equatorial) chega da costa no final de abril ou no início de maio. De maio a julho e em setembro e outubro, a precipitação média é de pelo menos 150 mm por mês em quase todas as zonas de produção de cacau. A "pequena estação seca" em agosto, quando o clima permanece húmido mas a precipitação é muito menor, é caraterística do sudoeste da Nigéria. Se esta estação for demasiado longa ou seca, a cultura do cacau pode ser severamente afetada. A cultura também pode sofrer muito se as chuvas entre julho e outubro, quando as vagens estão a amadurecer, forem demasiado fortes. O limite norte da cintura do cacau é marcado, em parte, pela linha onde a precipitação se aproxima do limite inferior de 1100 mm/ano e, em parte, na área das províncias de Ondo, onde a precipitação é bastante superior a esse limite. Nesta zona, a influência do vento seco Harmattan, nos meses de dezembro a março, é muito forte e o cacau, que não suporta uma seca prolongada, parece incapaz de sobreviver. As temperaturas são mais baixas e a humidade relativa mais elevada nos meses chuvosos (época de crescimento) e o crescimento das plantas é então muito rápido. Na estação seca, as temperaturas são elevadas durante o dia e a humidade relativa é muito baixa durante a tarde. As condições são então desfavoráveis ao crescimento. O período durante o qual mesmo algumas das culturas mais resistentes não podem ser plantadas com sucesso sem rega constante é bastante superior a três meses na maior parte da principal faixa de cacau. Mesmo nas altitudes mais elevadas das zonas de produção de cacau, a temperatura nunca desce demasiado para ser adversa ao crescimento. O cacau cresce melhor em solos com as seguintes propriedades (Rehm e Epsig, 1991):

- Camada superficial húmida, escura, cinzenta e castanha, com 3,5 a 7,5 cm de espessura, de textura média e isenta de areia grossa, grão ou cascalho pequeno.
- Cerca de 30 cm de terra de textura média, de cor castanha ou castanha-avermelhada.
- Camada de argila vermelha friável com 60 a 90 cm de espessura
- Camada de argila friável mosqueada esbranquiçada, alaranjada, vermelha e amarela pálida, com 60-90 cm de espessura, que se desenvolve em
- Rocha podre e desintegrada, de preferência de natureza granítica ou derivada de material ígneo ou vulcânico de cor escura.

O principal fator do solo que afecta o cacau nas condições nigerianas é o teor de argila. Este fator é importante principalmente porque uma quantidade relativamente elevada de argila no solo confere-lhe uma capacidade bastante elevada de retenção de humidade, que permanece disponível para as árvores durante a estação seca. Os solos no Sudoeste da Nigéria apresentam vários graus de fertilidade. Derivam de rochas cristalinas duras do "Complexo Basement" (gnaisses, granitos, xistos, quartzitos e anfibolitos), que sofreram erosão em graus variáveis em diferentes partes da principal faixa de cacau. Os solos férteis encontram-se junto a zonas de solos pobres e são raras as extensões contíguas de solos férteis de cacau. Encontram-se bolsas de solos férteis em torno de Ife, Ibadan e Akure. Por conseguinte, os agricultores enfrentam problemas de replantação nas antigas explorações de cacau e uma elevada taxa de insucesso das plântulas nas novas plantações em solos marginais. Esta situação está a afetar os futuros planos de plantação dos produtores de cacau nos Estados de Oyo, Ogun e Ondo, no sudoeste da Nigéria. Embora existam massas de terra contíguas adequadas para a cultura do cacau fora da principal cintura do cacau (particularmente em Ikom e Baissa, no sudeste da Nigéria), a produtividade excecional resultante das condições de solo fértil foi corroída pela elevada incidência da doença *de Phytophthora* (vagem preta) devido à elevada precipitação. A doença é mais frequente nas zonas de elevada pluviosidade do Estado de Cross River, no sudeste do país, do que nas zonas de cacau relativamente mais secas do sudoeste da Nigéria.

Capítulo 4.0 Materiais e métodos

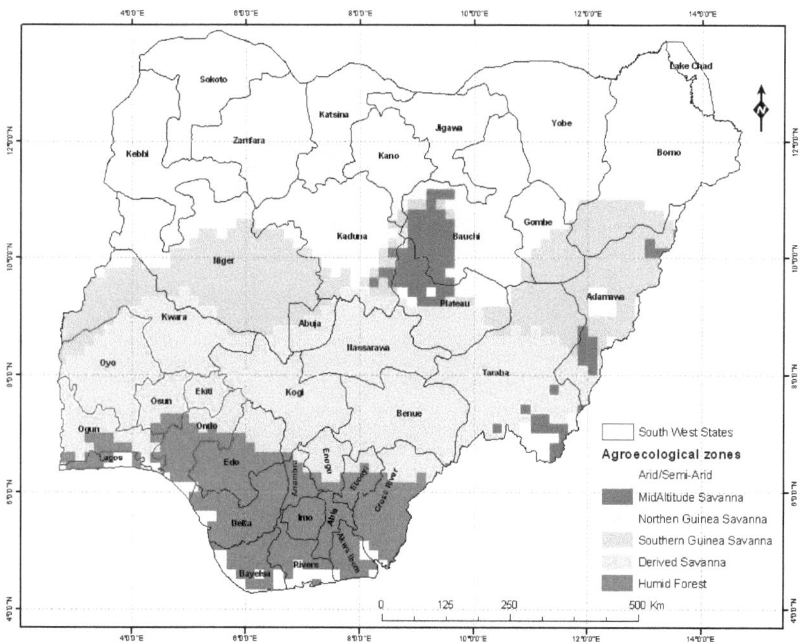

Figura 4a: Mapa da Nigéria com as Zonas Agro-ecológicas (Oduwole 1996, IITA, Ibadan)

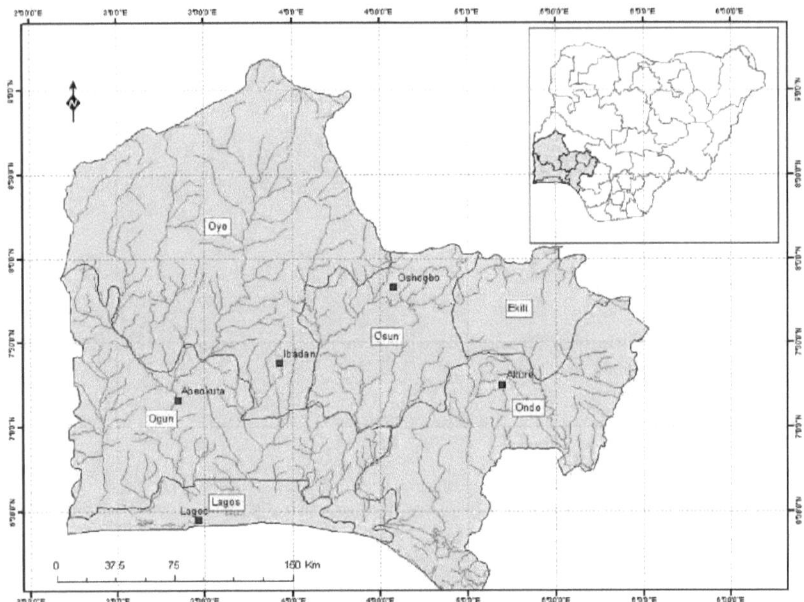

Figura 4b: Mapa da Nigéria indicando as áreas de estudo (Oduwole 1996, IITA, Ibadan)

4.1 Amostragem e análise do solo

Para a estimativa das propriedades do solo, foram recolhidas 16 amostras de solo de três locais com condições agro-ecológicas semelhantes no sudoeste da Nigéria. Foram analisados os catiões básicos (determinados em 1N NH_4 OAc), o N total (Kjedahl), o P disponível (Bray P), o C orgânico (oxidação húmida Walkey-Black) e o pH (0,1 M $CaCl_2$). Foram entrevistados 60 agregados familiares de agricultores através de questionários para obter informações sobre os factores de gestão. A informação sobre os factores que afectam o rendimento das culturas foi obtida através de entrevistas aos agricultores nas suas explorações, utilizando um questionário normalizado. A regressão linear múltipla foi então utilizada para estimar as relações entre as propriedades do solo, os factores de gestão, os factores climáticos e o rendimento das culturas.

4.2 Áreas e métodos de inquérito

4. 2.1 Área de inquérito

A Nigéria é um país da África Ocidental situado entre as latitudes 4°N e 14°N e que se estende entre as longitudes 3°E e 15°E. Tem uma superfície terrestre total de 923 768 km2 e uma população estimada em cerca de 120 milhões de habitantes (Amusan, 2005). Esta investigação será efectuada na região sudoeste da Nigéria. Situa-se na zona agro-ecológica de savana derivada da Nigéria, com uma população de cerca de 40.000.000 de habitantes. A principal ocupação é a agricultura, embora muitas indústrias estejam a prosperar na localidade. É o principal fornecedor de produtos agrícolas da Nigéria. Por exemplo, mais de 90% do cacau nigeriano é produzido na cintura do cacau da antiga Região Sudoeste (constituída pelos Estados de Oyo, Osun, Ondo, Ogun e Lagos) (Ajayi e Oyeyide, 1974). Os Estados desta região são zonas comerciais ou industriais ou ambas. As fontes de água são a chuva, os rios, os ribeiros, os poços e os furos. A precipitação irregular nesta região exige a necessidade urgente de complementar a principal fonte de água para a agricultura com irrigação (água). Os quatro Estados, nomeadamente Ogun, Osun, Oyo e Lagos, dentro do Esquema de Irrigação da Bacia do Rio Ogun - Osun, que têm caraterísticas agro-ecológicas semelhantes, foram selecionados como áreas de estudo para este trabalho de investigação. Ver figuras 1 a 4.

4.2.2 Métodos de inquérito

Foram realizados inquéritos de campo nas áreas de estudo acima mencionadas para gerar os dados primários necessários para atingir os objectivos definidos. Foram entrevistados os agregados familiares que vivem nas comunidades próximas dos sistemas de irrigação identificados. Devido a restrições de tempo e financeiras, nem todas as comunidades relevantes foram objeto de amostragem, dependendo da situação. Assim, a amostragem aleatória foi utilizada na seleção das comunidades. Seguiu-se uma amostragem aleatória estratificada de agregados familiares, em que cada comunidade seria primeiro estratificada com base em algumas caraterísticas peculiares da comunidade, como o tipo de residência, após o que os agregados familiares seriam amostrados aleatoriamente em cada estrato. Com base nos recursos financeiros, foi utilizada uma amostra total de 90 inquiridos (ou seja, 45 inquiridos irrigantes e 45 inquiridos não irrigantes) para as áreas de estudo, nomeadamente Ijebu East, Mokoloki, Ito-Ikin, Ile-Ife, Fadama, Sepeteri e Ibadan.

O instrumento de inquérito foi a administração de questionários. Foram utilizados questionários semi-estruturados com algumas perguntas abertas. As questões colocadas seriam estruturadas de acordo com os três objectivos deste trabalho de investigação. A seleção aleatória de agregados familiares foi apropriada quando se pretende obter informação sobre a participação dos pequenos agricultores em projectos de irrigação e os benefícios daí resultantes. No entanto, a seleção intencional de agregados familiares provou ser mais apropriada quando é necessária informação sobre os usos alternativos da água de rega, de modo a atingir os inquiridos que realmente utilizam a água de rega para outros fins não agrícolas.

Foram também efectuadas entrevistas aprofundadas complementadas por observações. Estas entrevistas foram realizadas com os gestores dos sistemas de irrigação, com os agricultores que irrigam, com os utilizadores de algumas fontes de água identificadas, com os agricultores que praticam a criação intensiva (gado e aves de capoeira) e com os proprietários das indústrias e fábricas tradicionais, modernas de pequena escala ou domésticas identificadas. As discussões abertas com o chefe ou os membros do agregado familiar sobre estimativas aproximadas das quantidades consumidas e dos padrões de utilização foram utilizadas para obter explicações e informações complementares.

4.2.3 Método de análise

As análises dos benefícios da irrigação entre os pequenos agricultores do sudoeste da Nigéria foram abordadas de forma qualitativa e quantitativa. Ambas as abordagens foram utilizadas com base nos objectivos a atingir. A análise dos dados foi feita em quatro vertentes, conforme especificado pelos quatro objectivos deste trabalho de investigação.

4.2.3.1 Análise da participação dos agricultores

Há muitos factores que determinam a utilização (ou participação) da água de rega pelos pequenos agricultores. Os dados primários gerados através da administração de questionários foram analisados para determinar os factores-chave relativos à participação dos agricultores ou à utilização da água de rega. Foi utilizado um programa estatístico simples para esta análise multivariada.

4.2.3.2 Demonstração de resultados

Para investigar os benefícios derivados da utilização da irrigação, é necessário determinar o custo dos factores de produção e a produção. Os custos dos factores de produção incluem fertilizantes, produtos químicos, mão de obra, água, terra (dimensão, tipo e renda), infra-estruturas, crédito (taxa de juro), etc. A produção é simplesmente a quantidade de culturas produzidas por hectare. A comparação da produção dos agricultores irrigantes com a dos agricultores não irrigantes foi utilizada para determinar a rentabilidade da irrigação nas áreas de estudo. A situação económica das explorações agrícolas na área de irrigação é comparada com a das explorações agrícolas numa área que foi irrigada durante anos. É claro que esta comparação só é possível porque as áreas de estudo são comparáveis em termos de clima, solo, abastecimento de água e estrutura agrícola. Neste caso, um estudo agro-económico das áreas indicará o rendimento familiar ou a produção da agricultura com e sem irrigação, e mostrará o retorno privado da irrigação por subtração direta. Dado que a situação inicial reflecte os mesmos dados económicos de base e o mesmo período de desenvolvimento para as explorações já irrigadas e para as que ainda não foram irrigadas, a comparação é, sem dúvida, dinâmica. Este método evita todos os erros resultantes da incerteza quanto aos dados de entrada ou de saída e de uma avaliação incorrecta dos factores psicológicos que afectam a rapidez com que a irrigação é adoptada. A comparação é válida porque as situações ou condições das zonas de estudo são semelhantes.

4.2.3.3 Análise de usos alternativos

Foram realizadas entrevistas informais, utilizando um questionário semi-estruturado com perguntas abertas, com agricultores e outras partes interessadas, tais como vendedores de água. Durante o estudo de campo, os membros da equipa fizeram observações diárias nos diferentes locais de captação de água para usos alternativos, a fim de estimar os tipos e períodos de utilização. Quando necessário, foram obtidas explicações e informações complementares através de conversas abertas com o chefe ou membros do agregado familiar sobre os padrões de utilização da água e estimativas aproximadas das quantidades. A avaliação de outras utilizações alternativas da água de rega seria abordada quantitativamente. Estas utilizações não agrícolas da água de rega seriam documentadas, bem como o seu papel na redução da pobreza e noutros meios de subsistência. Foi utilizado um programa estatístico simples para analisar os dados primários.

4.3.3.4 Análise comparativa do solo

Os dados biofísicos foram obtidos através da análise de amostras de solo colhidas nas explorações agrícolas. Os solos foram objeto de análises químicas. Os solos foram analisados quanto a catiões básicos (determinados em 1N NH_4 OAc), N total (método Kjedahl), P disponível (método Bray P), C orgânico (método de oxidação húmida Walkey-Black) e pH (0,1M $CaCl_2$).

4.2.3.5 Inquérito socioeconómico

Entre março e agosto de 2006, foi realizado um inquérito entre agricultores irrigantes e não irrigantes no sudoeste da Nigéria. Foram selecionados quatro Estados dentro do Esquema de Irrigação da Bacia do Rio Ogun - Osun que têm caraterísticas agro-ecológicas semelhantes, nomeadamente os Estados de Ogun, Osun, Oyo e Lagos. Cerca de cem agricultores irrigantes e não irrigantes foram selecionados aleatoriamente e entrevistados nas suas explorações agrícolas, utilizando questionários padronizados. Os agricultores entrevistados em Oyo pertenciam a três grupos diferentes de sociedades cooperativas ou organizações de agricultores. Os agricultores entrevistados em Osun e Lagos pertenciam às respectivas uniões cooperativas polivalentes desses estados. Estas cooperativas são organizações com fins lucrativos, mas oferecem mais do que apenas serviços de comercialização aos seus membros. O acesso aos agricultores e às suas terras agrícolas foi obtido sob os auspícios das Sociedades Cooperativas Nigerianas e dos Conselhos de Gestão das Bacias Hidrográficas de Ogun e Osun. A seleção ao longo da linha de participação ou não participação no(s) projeto(s) de irrigação permitiu, além disso, a avaliação da influência global do projeto no rendimento das culturas. A entrevista incluiu componentes qualitativas e quantitativas, abrangendo aspectos das actividades agronómicas, qualidade e disponibilidade de recursos, problemas detectados e objectivos estabelecidos, tanto a nível individual como a nível da cooperativa. Foi recolhida informação adicional através de entrevistas a pessoas-chave dos gestores dos sistemas de irrigação, aos agricultores que irrigam, aos utilizadores de algumas fontes de água identificadas, aos agricultores que praticam a criação intensiva (gado e aves de capoeira) e aos proprietários das indústrias e fábricas tradicionais, modernas de pequena escala ou domésticas identificadas, bem como a investigadores de água de irrigação e representantes de instituições governamentais e não governamentais. As estatísticas oficiais e outros dados secundários serviram de informação de base.

Capítulo 5.0 Resultados e Discussões

5.1 Relação entre propriedades do solo, uso da terra, factores de gestão e rendimento das culturas

5.1.1 Propriedades do solo, historial de utilização das terras e rendimento das culturas

A topografia do terreno em todas as explorações agrícolas estudadas varia de plana a suave declive (2-8%). As análises do solo (Quadros 1 e 2) mostraram que os solos são razoavelmente elevados em N total (média = 0,20%), C orgânico (média = 1,89%), P disponível (média = 3,19 ppm), mas baixos em Na. O pH é próximo do neutro (média 6,5). Em termos de variabilidade, o pH é a propriedade menos variável (CV = 7%), enquanto o P disponível é a propriedade mais variável (CV = 69%).

As estatísticas das propriedades do solo nos locais de amostragem são apresentadas nos Quadros 1 e 2. O pH do solo é o menos variável entre os locais (CV=3-9%). O CV mais elevado (100%) entre os solos de Ibadan ocorre para EA, enquanto o CV mais elevado de 119% ocorre para P para os solos de Ife, enquanto Ca e K manifestam a propriedade do solo mais variável entre os solos de Akure (C=55%). Isto sugere que os catiões são as propriedades mais variáveis entre os solos de Akure.

Quadro 1 Estatísticas gerais das propriedades do solo (N=16) EA= Acidez permutável, CEEC= Capacidade efectiva de troca catiónica (Fonte: Análises de dados do próprio solo)

	Ca (cmol / kg)	Mg (cmol / kg)	Na (cmol / kg)	K (cmol / kg)	EA[a] (cmol / kg)	ECEC[a] (cmol / kg)	Total N (%)	Disponível P (ppm)	Orgânico C (%)	pH
Média	4.34	1.11	0.07	0.38	0.02	5.90	0.20	3.19	1.89	6.46
Std	2.08	0.48	0.02	0.21	0.02	2.55	0.05	2.19	0.61	0.44
CV (%)	48	43	29	25	100	43	27	69	32	7
min	1.49	0.30	0.04	0.06	0.00	2.15	0.14	0.99	1.16	5.70
máximo	7.51	1.22	0.10	0.76	0.07	9.77	0.33	7.05	3.33	7.30

Tabela 2: Estatísticas de localização das propriedades do solo (N=16) Fonte: análise dos próprios dados do solo

Localização	Número de amostras	Estatísticas	Ca	Mg	Na	K	EA	ECEC	N	P	Orgânico C	pH
Ibadan	8	Média	4.46	1.09	0.07	0.33	0.02	5.96	0.19	3.48	1.84	6.45
		Desvio padrão	2.06	0.44	0.02	0.23	0.02	2.39	0.05	2.53	0.57	0.49
		CV (%)	46	40	29	70	100	40	26	73	31	8
Ife	4	Média	3.89	0.97	0.06	0.42	0.02	5.36	0.21	5.5	2.11	6.56
		Desvio padrão	2.37	0.47	0.01	0.12	0.01	2.74	0.08	6.56	0.88	0.57
		CV (%)	61	48	17	29	50	51	38	119	42	9
Akure	4	Média	4.73	1.31	0.08	0.44	0.02	6.58	0.2	2.33	1.79	6.38
		Desvio padrão	2.61	0.64	0.02	0.24	0.01	3.44	0.04	0.93	0.45	0.22
		CV (%)	55	49	25	55	50	52	20	40	25	3

O teste das diferenças médias mostra que nenhuma das propriedades é significativa entre locais ($p>0,05$), o que se deve ao facto de os solos se terem desenvolvido a partir de materiais de origem semelhantes derivados de rochas pré-câmbricas.

Os rendimentos obtidos diferem consoante a variedade de cacau plantada, a idade das árvores e a manutenção da exploração. Observou-se um maior rendimento nas explorações plantadas predominantemente com cacau amazónico em comparação com as plantadas com Amelonado. As explorações mais velhas têm um rendimento inferior ao das mais jovens e as explorações mais bem mantidas no que respeita às operações culturais são mais produtivas. O quadro 3 apresenta o rendimento registado nas explorações durante as épocas de cacau de 2005/06.

Quadro 3: Estatísticas de rendimento (kg/ha) nas explorações inquiridas na época 2005/06

Fonte: cálculo próprio

Localização	Número de agricultores	Média	Desvio Std. Desvio	CV (%)
Ibadan	20	245	86	35
Ife	20	347	166	48
Akure	20	434	189	44

Este quadro mostra que o rendimento médio por hectare é mais elevado em Akure e mais baixo em Ibadan. No entanto, Ife apresenta a maior variabilidade de rendimento. O rendimento médio entre os locais amostrados e o coeficiente de variação podem refletir em grande medida a variabilidade das práticas de gestão. O teste das diferenças médias de rendimento nos locais é apresentado no Quadro 4.

Quadro 4: Teste da diferença mínima significativa (LSD) dos rendimentos (Fonte: cálculo próprio)

Localização (1)	Localização (2)	Diferença de rendimento médio (Local 1 - Local 2) em kg/ha	Probabilidade significativa
Ife	Ibadan	102	0.15
Akure	Ibadan	189	0.01**
Akure	Ife	87	0.22

O quadro mostra que as diferenças de rendimento em Ibadan e Akure são altamente significativas (p<0,01), enquanto as diferenças de rendimento noutros pares de locais não são significativas (p>0,05). Os agricultores de Ife e Akure participam no projeto ICMT em curso da Organização Internacional do Cacau e, por conseguinte, beneficiam dos conhecimentos especializados recebidos nas sessões de formação em gestão agrícola.

5.1.2 Efeitos das variáveis biofísicas e de gestão no rendimento

Figura 5: Relações entre a produtividade e a idade da exploração

(Fonte: cálculo próprio)

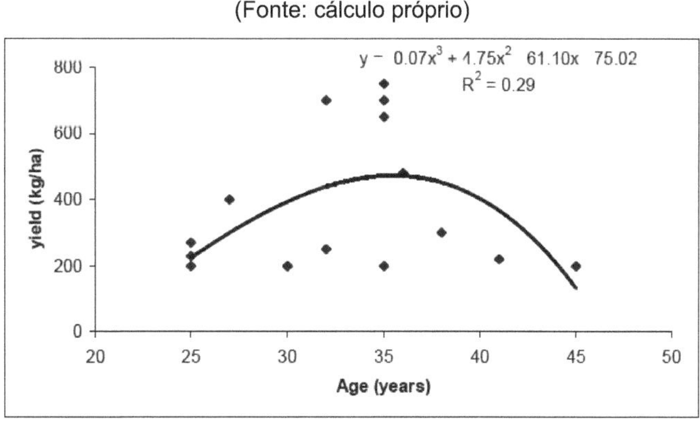

Figura 6: Relação entre o rendimento e a proporção de árvores dormentes (Fonte: cálculo próprio)

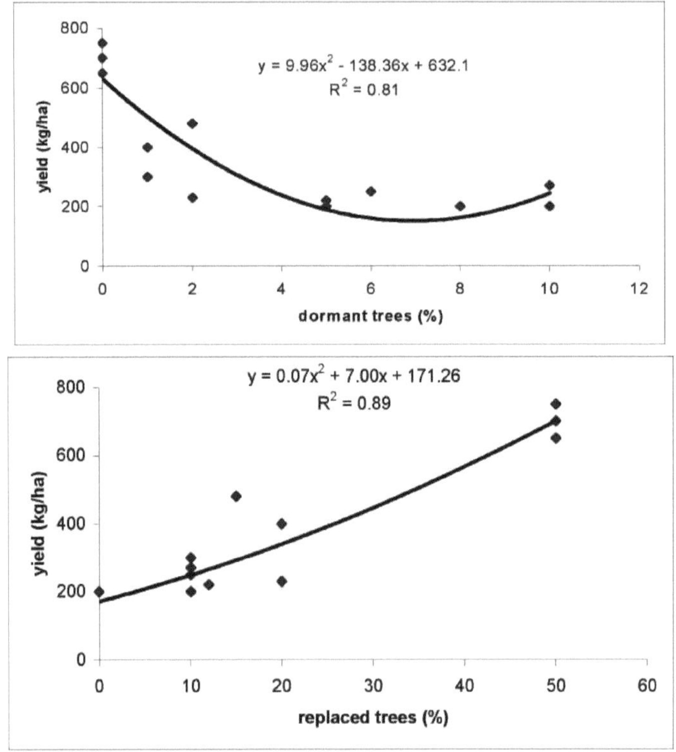

Figura 7: Relação entre o rendimento e a proporção de árvores substituídas
(Fonte: cálculo próprio)

A relação estatística entre o historial do uso da terra e o rendimento das culturas foi estudada em termos do rendimento registado e de três outras variáveis: idade da exploração, proporção de árvores dormentes e proporção de árvores substituídas. A Figura 5 mostra que o rendimento do cacau aumenta geralmente com a idade da exploração até aos 35 anos, e depois diminui. A idade das árvores explica 29% da variabilidade do rendimento do cacau. Este fenómeno pode estar relacionado com a fisiologia da cultura, as variedades de culturas e o facto de a estratégia de gestão dos factores de produção em termos de aplicação de fertilizantes ser geralmente baixa.

O rendimento diminui com a proporção de árvores dormentes nos campos dos agricultores (Figura 6). Os rendimentos mais elevados (650-750 kg/ha) foram obtidos em campos sem árvores dormentes. Como a dormência é uma função de vários factores, como a idade, o ataque de doenças e pragas, etc., nunca é demais sublinhar a necessidade de um controlo adequado das doenças e da plantação sucessiva. As árvores dormentes explicam 81% da variabilidade no rendimento do cacau.

A figura 7 mostra que o rendimento do cacau está fortemente relacionado com a proporção de árvores substituídas. Esta opção de gestão é particularmente apelativa para os agricultores, dado que a aplicação de insumos agrícolas como fertilizantes e pesticidas é geralmente baixa. A proporção de árvores substituídas explica 89% da variabilidade do rendimento do cacau.

A figura 8 mostra que a tendência da produção de cacau é baixa em valores extremos de C orgânico do solo (isto é, C orgânico abaixo de 1,5% e acima de 2,5%)

A mesma observação é válida para o N total, onde se observa que os rendimentos são baixos para valores de N inferiores a 0,2% e superiores a 0,25% (Figura 9).

Este resultado sugere que a acumulação de materiais orgânicos no solo não é necessariamente favorável ao crescimento do cacau. A figura 10 também sugere que o pH abaixo de 6,0 e acima de 6,5 afecta negativamente o rendimento. O rendimento é máximo a um pH de cerca de 6,3 e deve tentar-se manter o pH do solo em torno deste nível.

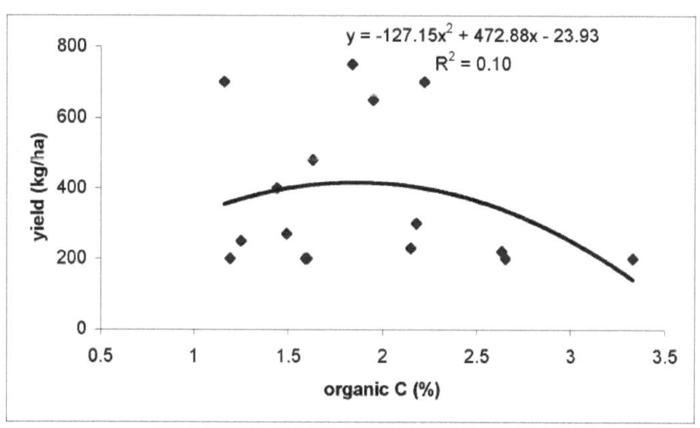

Figura 8: Relação entre rendimento e carbono orgânico do solo (Fonte: cálculo próprio)

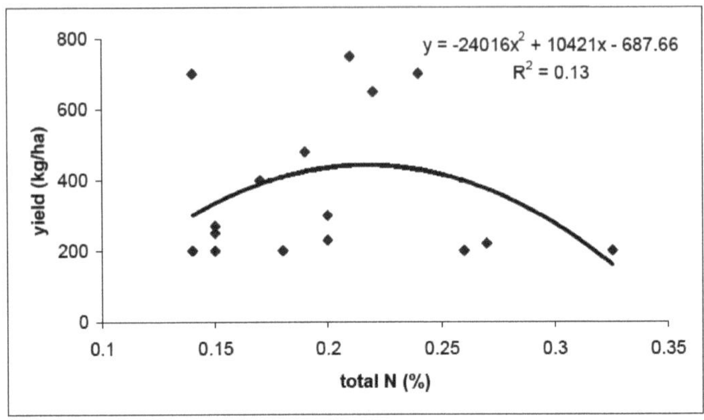

Figura 9: Relação entre a produtividade e o azoto total do solo (Fonte: cálculo próprio)

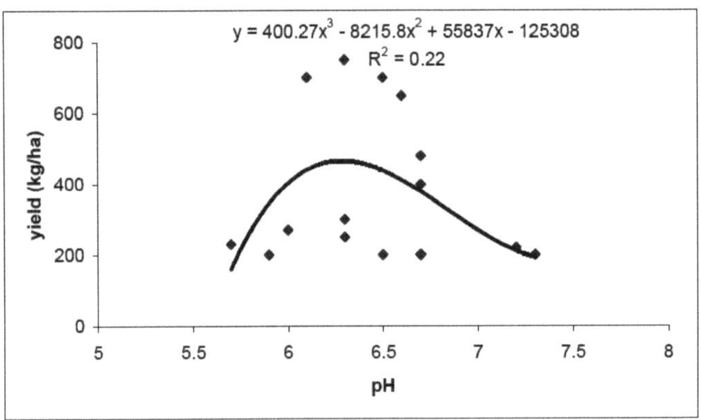

Figura 10: Relação entre o rendimento e a acidez do solo

(Fonte: cálculo próprio)

Assim, é crucial uma monitorização adequada da acidez dos solos. As relações entre algumas variáveis do solo são apresentadas nas Figuras 11 e 12. A figura 11 mostra a tendência do pH para aumentar com o teor de C orgânico do solo. Este facto tem o potencial de diminuir o rendimento (ver Figura 8).

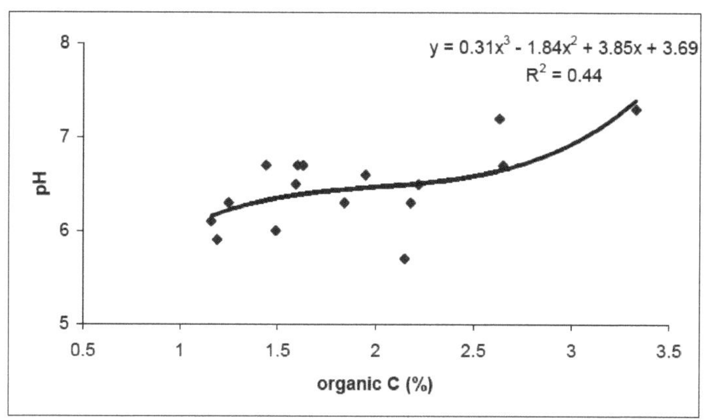

Figura 11: Relação entre pH e Carbono Orgânico (Fonte: cálculo próprio)

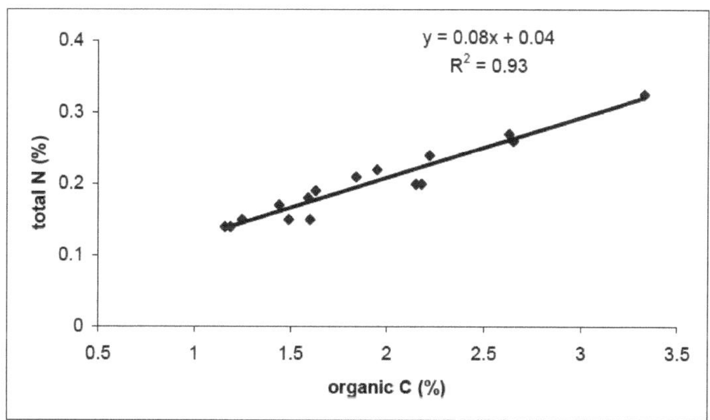

Figura 12: Relação entre N total e C orgânico **(Fonte: cálculo próprio)**

A forte relação entre o C orgânico e o N total (figura 12) sugere que a gestão do C orgânico do solo é crucial para manter níveis adequados de N no solo. A regressão linear múltipla foi utilizada para relacionar o rendimento das culturas com dados biofísicos e socioeconómicos (Quadro 5). Devido ao elevado nível de multicolinearidade, as variáveis independentes foram reduzidas a quatro. A maioria das variáveis do solo tem correlações demasiado fracas que, do ponto de vista estatístico, as tornam impróprias para serem consideradas para regressão (i.e. Figuras 5, 8, 9 & 10).

Quadro 5: Regressão múltipla da produção em função das variáveis do solo e de gestão

(Fonte: cálculo próprio)

Variáveis independentes	Padronizado ß	t	Probabilidade
Densidade das plantas	0.17	2.00	0.08
Proporção substituída	0.48	4.05	<0.01
Variedade de cultura	0.42	3.32	0.01
ECEC	0.02	0.20	0.85
Múltiplo R ao quadrado			0.95
F Probabilidade			<0.01

As variáveis do modelo estão positivamente relacionadas com o rendimento do cacau. No entanto, a variável solo (ECEC) não é significativa para o modelo ($p>0,05$), enquanto três variáveis de gestão (densidade de plantas, proporção de plantas dormentes substituídas e variedade de cultura) são significativas ($p<0,1$). Todas as variáveis explicam 95% da variabilidade da produção e o modelo pode ser utilizado para prever a produção com um nível de confiança de 97%. A proporção de plantas dormentes substituídas é a variável de gestão mais significativa que afecta o rendimento, seguida da variedade da cultura (ou seja, F_3 Amazon).

5.2 Gestão da irrigação para o controlo do sal

5.2.1 Os princípios básicos

Os parâmetros primários que têm de ser considerados para assegurar uma gestão eficaz da rega para controlo do sal são as necessidades hídricas da cultura e a qualidade da água de rega. A irrigação correta deve restaurar qualquer défice de água no solo, evitando ao mesmo tempo a aplicação de excessos desnecessários e potencialmente prejudiciais. O excesso pode ser aplicado deliberadamente para controlar os níveis de sal. Embora as práticas agrícolas possam variar de uma área irrigada para outra, os seguintes princípios de controlo do sal têm aplicação universal (Richards, 1954). O crescimento das plantas é uma função da salinidade e do potencial matricial da água do solo. A lixiviação controla a salinidade; o potencial matricial é controlado pela aplicação adequada e atempada de água. Os sais solúveis são transportados pela água, pelo que o controlo da salinidade depende da qualidade da água de rega e da quantidade e direção do fluxo de água. A absorção de água pelas plantas e a evaporação da superfície podem causar um fluxo ascendente, um processo pelo qual muitos solos se tornam salinizados, particularmente quando o lençol freático está próximo da superfície do solo. O movimento líquido da água é descendente e os sais são lixiviados da zona radicular quando é aplicada mais água do que a utilizada durante uma estação de cultivo. Ao longo do tempo, a quantidade de sal removida por lixiviação deve ser suficiente para evitar a acumulação de salinidade para além do nível que a cultura pode tolerar. Pensava-se antigamente que a quantidade removida tinha de ser igual à quantidade aplicada na água de rega. No entanto, estudos recentes com lisímetros e modelos mostraram que a quantidade de sal lixiviado pode ser modificada por reacções químicas, como a dissolução de minerais do solo e a precipitação de sal. A dissolução de minerais diminui e a precipitação de sais aumenta com a redução da fração de lixiviação. Assim, em condições de estado estacionário, a quantidade de sal lixiviado na água de drenagem pode ser maior, igual ou menor do que a quantidade de sal adicionada a partir da água de irrigação. Também ocorrem reacções químicas entre os catiões no complexo de troca do solo e os catiões em solução. Uma vez que a concentração de sais na solução do solo aumenta com a profundidade, há um aumento correspondente na SAR da solução na mesma direção. Por conseguinte, a ESP também aumenta na parte inferior da zona radicular e pode atingir níveis prejudiciais para a estrutura do solo. O nível excessivo de sódio na solução do solo pode também ser tóxico para o crescimento das plantas. Podem ser utilizados produtos químicos, como o gesso, para contrariar estes efeitos.

5.2.1.1 Equação geral

O balanço de sal é determinado pela contabilização de todos os processos que contribuem para o influxo, o efluxo e as alterações de sal no perfil (dS_g). Isto pode ser expresso matematicamente como uma equação de conservação de massa.

$$dS_g = D_rC_r + D_gC_g + D_iC_i + S_m - D_dC_d - S_p - S_c \quad \text{--- (I)}$$

em que D é a quantidade de água (em termos de profundidade da água que se espalha uniformemente sobre a superfície do solo); C é a concentração de sal; e os subscritos r, i, d e g representam chuva, irrigação, drenagem e movimento ascendente do lençol freático, respetivamente; S_m é a quantidade de sal dissolvida do mineral do solo; S_p é a quantidade de sal que precipita na zona radicular; e S_c é a quantidade de sal removida pela cultura colhida.

Assumindo que não há contribuição apreciável de sais provenientes da dissolução de minerais do solo, que não há perda de sais solúveis por precipitação e que as culturas não recebem chuva e que a profundidade do lençol freático é suficiente para evitar o movimento ascendente do sal das águas subterrâneas, a Equação (I) reduz-se, em estado estacionário, a

$$D_iC_i - D_dC_d = 0 \quad \text{----------} \ (II)$$

Esta equação indica que, sob as condições assumidas, para manter o equilíbrio de sal a quantidade drenada. A importância deste conceito é maior do que a sua exatidão. Está implícito que a drenagem ou lixiviação deve ser assegurada na agricultura de regadio, caso contrário a concentração de sais na solução do solo acabará por atingir níveis tóxicos. Com base neste conceito, foram desenvolvidas equações simples que relacionam as necessidades hídricas das culturas e a salinidade da água de rega com o grau de lixiviação necessário.

5.2.1.2 Necessidade de lixiviação

A fração de lixiviação ($LF = D_d / D_i$) é a relação entre a quantidade de água drenada abaixo da zona radicular e a quantidade aplicada na irrigação. Sob condições de precipitação insignificante e reação química negligenciável, a CE da água de drenagem é controlada pela fração de lixiviação. É evidente a partir da equação (II) que este rácio está também relacionado com a concentração de sais na água de rega e na água de drenagem:

$$LF = D_d / D_i = C_i / C_d = EC_i / EC_d \quad \text{----} \ (III)$$

Em condições de estado estacionário, a salinidade tende a aumentar gradualmente de um nível próximo da superfície do solo, controlado pela CE da água de irrigação, para um nível próximo do fundo da zona radicular, que é determinado principalmente pela LF. Assim, variando a fração de lixiviação é possível obter algum grau de controlo sobre a CE da água de drenagem e a distribuição da CE na zona radicular.

Para estimar a necessidade mínima de lixiviação de um solo irrigado, é preciso primeiro estimar a profundidade extra da água de irrigação, até próximo ao fundo da zona radicular, que é determinada principalmente pela LF. Assim, variando a fração de lixiviação, é possível obter um certo grau de controlo sobre a CE da água de drenagem e a distribuição da CE na zona radicular.

Para estimar a necessidade mínima de lixiviação de um solo irrigado, deve-se primeiro estimar a profundidade extra de água de irrigação que deve ser aplicada para manter a concentração média de sal da água do solo abaixo de um nível que resultaria em redução significativa da produtividade. Uma estimativa desta necessidade adicional de água pode ser obtida a partir da seguinte equação:

$$LR = EC_i / EC_d^* = D_d^* / D_i \quad \text{---- (IV)}$$

A equação (IV) é semelhante à equação (III), exceto que aqui o asterisco denota os níveis exigidos; CE_d * denota a salinidade máxima permitida e D_d * a quantidade mínima permitida de água de drenagem para manter rendimentos elevados.

Enquanto que LF é a fração de água aplicada que passa efetivamente o limite inferior da zona radicular, LR é uma estimativa da lixiviação necessária para manter a salinidade do solo - água dentro de limites toleráveis. A avaliação da LR requer a seleção de valores adequados de CE_d *. Estes valores variam consoante a tolerância da cultura aos sais. Assumindo uma distribuição uniforme da água de rega, sem perdas por escoamento, a quantidade de água necessária para a rega é igual à quantidade necessária para a evapotranspiração (D_{et}) e lixiviação ou

$$D_i = D_{et} + D_d \quad \text{------- (V)}$$

Utilizando a equação (V) para eliminar D_d da equação (IV), obtém-se

$$D_i = \frac{D_{et}}{1-LR} \quad \text{---------- (VI)}$$

A necessidade de irrigação calculada pela equação (VI) é uma estimativa baseada na tolerância ao sal e na necessidade de água da cultura, e na salinidade da água de irrigação. Não tem em conta a variabilidade da infiltração de água no solo. A eficiência de aplicação medida raramente excede 85% e, com a irrigação de superfície, pode ser tão baixa quanto 25%. Uma vez que os requisitos de lixiviação para águas com CE < 3 e para reduções de rendimento inferiores a 10% raramente excedem 15%, a ineficiência na aplicação de água parece eliminar a necessidade de estimativas mais exactas de LR. No entanto, com o aumento da utilização de águas salinas e de métodos de rega mais eficientes, as limitações da equação (VI) adquirem uma importância acrescida.

Para ilustrar o uso das equações apresentadas acima, podemos considerar o seguinte exemplo. Uma cultura de algodão deve ser produzida com água de irrigação com uma CE de 4 mmho/cm (ds/m). A CE_d é estimada em 54 mm ho/cm. A substituição destes valores na equação (IV) produz um valor de 4/54. Assim, o LR é aproximadamente 0,008 ou 8%. O valor de LR é usado para estimar a profundidade necessária da água de irrigação e a necessidade mínima de drenagem. Se o uso consuntivo de água pelo algodão é de 50 cm, então a profundidade mínima de água de drenagem D_d necessária para a equação de controlo da salinidade (IV) é de 4 cm, e a profundidade desejada de água de irrigação é de 54 cm. A qualidade da água de irrigação é afetada pela quantidade de chuva e pela sua distribuição sazonal. Quando a precipitação é distribuída ao longo da estação de crescimento, uma média ponderada da precipitação e da qualidade da água de irrigação é calculada como se segue:

$$EC_{i+r} = \frac{EC_i D_i + EC_r D_r}{D_i + D_r} \quad \text{-------- (VII)}$$

O valor de EC_{i+r} é então substituído por EC_i na equação (IV) para calcular o LR.

Quando a estação das chuvas é curta e concentrada, a precipitação pode ser suficiente para lixiviar os sais da zona radicular. Nestas condições, a equação (VII) não é aplicável. Além disso, o tipo de solo deve ser tido em conta devido às diferenças na capacidade de armazenamento do solo. Por exemplo, para deslocar uma vez o volume de poros na capacidade de campo até uma profundidade de 75 cm num solo arenoso (capacidade de campo, base de peso = 12%) são necessários cerca de 120 mm de precipitação efectiva, contra 320 mm para um solo argiloso (capacidade de campo, base de peso = 32%). Assumindo uma infiltração da chuva de 70%, a precipitação total correspondente para os dois solos é de 170 e 460 mm. Assim, se a precipitação exceder 300 mm durante a estação das chuvas, a necessidade de lixiviação para o controlo da salinidade é pouco relevante para o solo arenoso, mas pode ser importante para o solo argiloso. Enquanto a precipitação é benéfica para o controlo da salinidade, o inverso aplica-se aos potenciais riscos de sodicidade. Isto será discutido mais adiante. Os métodos para determinar a necessidade de lixiviação, dependendo do teor de sal da água de irrigação e da tolerância das culturas ao sal, estão disponíveis no Documento 29 da FAO sobre Irrigação e Drenagem - "Qualidade da Água para a Agricultura" (FAO, Roma 1985).

5.2.1.3 Remoção de sal pelas culturas

A remoção de sal pelas culturas é, na maior parte dos casos, insuficiente para manter o equilíbrio salino. Parece, no entanto, que as culturas forrageiras são capazes de absorver uma quantidade apreciável de sal, particularmente quando a água de irrigação não é salina. Os dados fornecidos por Pratt *et al.* (1967) para o milho e por Richard (1954) para a luzerna indicam que o teor de sal das forragens é de cerca de 7% do peso seco. Uma produção anual de luzerna de 20 toneladas por hectare removeria assim 1,4 toneladas de sal. Se assumirmos que são aplicados 950 mm de água de irrigação por ano, com uma CE de 1 mm ho/cm, a aplicação total de sal será de 6 toneladas. A absorção de sal pela cultura representaria assim 20% da quantidade aplicada.

5.2.2 Fator que influencia a tolerância do solo

A resposta das plantas à salinidade depende também de factores vegetais, como o estádio de crescimento, a variedade e o porta-enxerto, de factores do solo, como a fertilidade, o teor de água e o arejamento, e do clima.

5.2.2.1 Factores vegetais e tolerância

Os efeitos da salinidade em muitas culturas dependem principalmente do período de tempo em que as plantas são expostas à salinidade, independentemente da fase específica de crescimento (Shalhevert, 1970). Algumas outras plantas, no entanto, são mais sensíveis a estádios específicos de crescimento. Isto é particularmente verdade no caso dos cereais (Bernstein 1974, Maas e Hoffman, 1977). O arroz, a cevada, o trigo e o milho são mais sensíveis à salinidade durante a germinação do que em fases posteriores de crescimento. No entanto, as altas concentrações salinas localizadas na profundidade das plântulas, mais do que uma sensibilidade específica, podem ser a causa imediata do fracasso da germinação, que é comum em solos salinos (Bernstein 1974). A tolerância da soja pode aumentar ou diminuir no decorrer do desenvolvimento, dependendo da variedade. Bernstein (1974) sugere uma salinidade máxima admissível do solo de cerca de 8 mm ho/cm durante a fase de crescimento sensível ao sal. A tolerância ao sal (no quadro IV.1) foi obtida a partir de tratamentos de salinidade efectuados após o estabelecimento das plântulas em parcelas não salinas, pelo que não se aplicam necessariamente às fases de germinação e de início das plântulas.

A salinidade reduz geralmente a taxa de crescimento e o tamanho final da planta, mas isto é muitas vezes um guia pouco fiável para prever a produção de frutos ou de sementes (Maas e Hoffman, 1977). Por exemplo, o efeito da salinidade sobre o crescimento vegetativo da cevada, do trigo, do algodão e de algumas gramíneas é maior do que sobre a produção de sementes ou de fibras, enquanto que uma relação inversa foi registada para o arroz e o milho. Normalmente, a salinidade suprime mais o crescimento da parte superior do que o crescimento das raízes. No entanto, no caso das culturas de raízes, a salinidade reduz o rendimento dos órgãos de armazenamento das raízes mais do que o crescimento vegetativo ou radicular. As lesões nas plantas resultantes de efeitos específicos do sal destroem quase completamente os rendimentos, quando o crescimento vegetativo foi apenas moderadamente reduzido (Bernstein 1974). Assim, uma deficiência de cálcio induzida por sulfato em condições salinas pode causar um fracasso total da colheita no tomate devido à podridão da extremidade da flor, e na alface devido ao escurecimento interno. O tipo de porta-enxerto de plantas lenhosas pode afetar a tolerância específica ao cloreto e ao sódio. As variedades sensíveis ao sal podem sofrer lesões quando o cloreto nos extractos de saturação excede 5 meq/litro, enquanto as variedades tolerantes ao sal podem tolerar concentrações de cloreto de quase 30 meq/litro.

5.3 A utilização da irrigação no Sul - Oeste da Nigéria

Os sistemas de irrigação no sudoeste da Nigéria são geralmente agrupados em três categorias: nacionais, comunitários e privados. Os grandes sistemas nacionais são construídos e mantidos pelo governo nacional através do Ministério Federal dos Recursos Hídricos (FMOWR). Nestes sistemas, o problema de gestão mais premente é o nível inadequado das taxas de irrigação cobradas em comparação com o custo de funcionamento e manutenção das instalações de irrigação. Esta situação resulta dos seguintes problemas técnicos e organizacionais:

(1) Insatisfação de uma parte significativa dos agricultores com a adequação e o calendário das entregas de água devido a estruturas de distribuição defeituosas ou danificadas, à escassez de água e à interferência de outros agricultores na distribuição de água.

(2) Baixa capacidade de pagamento dos utilizadores de água devido aos baixos preços das culturas (alimentares), às dívidas de arrendamento das terras e aos danos causados às culturas por tufões, pragas e doenças.

(3) O pressuposto de que o serviço de irrigação deve ser gratuito, uma vez que está a ser fornecido pelo governo.

Para ultrapassar estes problemas, o FMOWR tomou uma série de medidas, a primeira das quais foi a reabilitação e modernização dos sistemas antigos em todo o país. Mais tarde, foram realizados projectos-piloto para ajudar a organizar os agricultores e iniciar o desenvolvimento da irrigação comunitária. Quanto ao início das novas abordagens, os organizadores comunitários, que foram colocados no terreno nos projectos-piloto, desempenharam um papel importante. Estes organizadores viviam no seio da comunidade dos agricultores e participavam nas actividades de plantação e colheita. Realizavam-se reuniões com os agricultores e procurava-se assegurar uma comunicação aberta com eles. A extensão da assistência do FMOWR foi discutida e os agricultores conduziram negociações para a assistência necessária com representantes da administração da irrigação. A utilização da água ou dos projectos de irrigação pelos agricultores depende do seu nível de instrução e do acesso ao mercado. As Figuras 13, 19 e 20, em relação ao Quadro 7, mostram claramente que quanto mais instruído é o agregado familiar do agricultor, maior é o seu nível de participação nos projectos de irrigação. Isto pode ser confirmado pelos 100% de escolaridade registados nas famílias de agricultores de regadio de Fadama e Ito-Ikin. Os agricultores de regadio de Mokoloki têm cerca de 95% de escolaridade, enquanto que em Sepeteri se registaram 90%. No que diz respeito ao acesso ao mercado, as figuras 14 a 18 revelam que o número de mercados nas áreas de estudo é suficiente, de momento, para abastecer os produtos agrícolas das explorações. No entanto, com o rácio entre o número médio de mercados e o número médio de famílias de agricultores a variar entre 0,09 e 0,28 nas áreas de estudo, é necessário aumentar o número de mercados para uma futura expansão. Deve também ter-se em conta que os mercados devem ser facilmente acessíveis e estar mais próximos das explorações agrícolas. Muitos dos mercados existentes estão demasiado longe (40 a 150 km) das explorações, tendo em conta o estado deplorável das redes rodoviárias.

Para esta investigação, a participação é simplesmente considerada como a utilização de água ou projectos de irrigação. É praticamente impossível dissociar o conceito de participação na irrigação das noções existentes de desenvolvimento rural. Na última década, tornou-se mesmo de importância considerável nos debates sobre desenvolvimento rural e nas discussões dentro dos círculos de gestão da irrigação. Se a participação pudesse ser incorporada de forma significativa no processo de desenvolvimento, ocorreriam mudanças económicas e sociais que beneficiariam as famílias de agricultores. Em muitos debates, a participação é discutida como o "ingrediente que faltava" nos projectos de desenvolvimento, algo como um insumo essencial a ser injetado nos projectos. No entanto, muito poucas discussões reflectem uma análise de natureza mais fundamental, ou têm em consideração evidências mais concretas das várias implicações. A participação como uma espécie de intervenção governamental é também defendida como um elemento necessário no processo de planeamento, com os dispositivos bem conhecidos de objectivos de planeamento, orçamentos e mecanismos de controlo. Neste contexto, muitas noções de participação no desenvolvimento rural são apresentadas no âmbito do aparelho de planeamento. Na maioria dos casos, porém, a participação é entendida como um processo e não como um elemento estático do desenvolvimento. No entanto, quando se considera a dimensão temporal, as posições mudam; algumas pessoas argumentarão que a participação pode ser manipulada no âmbito de um determinado tipo de intervenção;

enquanto outros sublinham o carácter espontâneo dos casos autênticos de participação.

Figura 13: Participação e educação dos agricultores (Fonte: cálculo próprio)

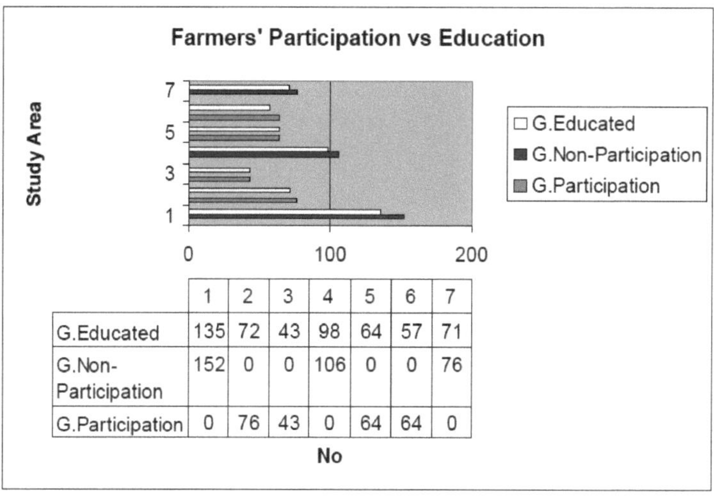

	1	2	3	4	5	6	7
G.Educated	135	72	43	98	64	57	71
G.Non-Participation	152	0	0	106	0	0	76
G.Participation	0	76	43	0	64	64	0

Figura 14: Participação dos agricultores e acesso ao mercado (Fonte: cálculo próprio)

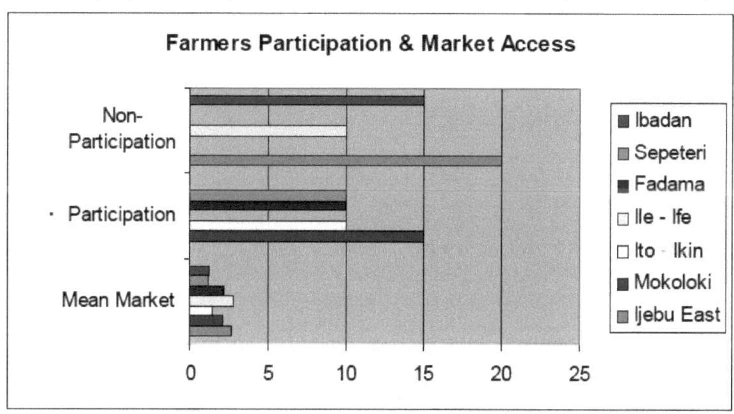

Figura 15: Participação dos agricultores e acesso ao mercado (Fonte: cálculo próprio)

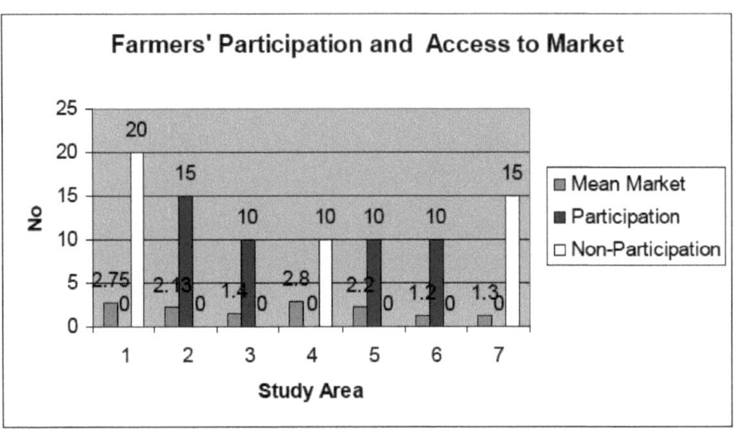

Figura 16: A participação dos agricultores
(Fonte: cálculo próprio)

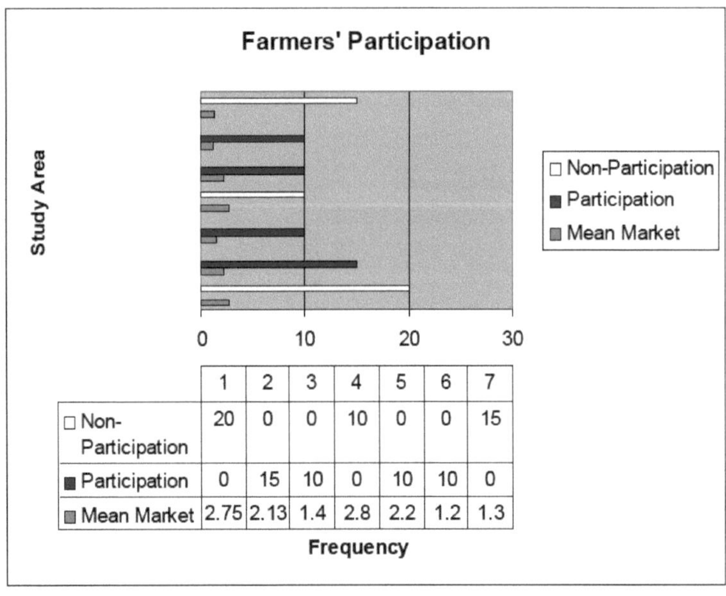

	1	2	3	4	5	6	7
Non-Participation	20	0	0	10	0	0	15
Participation	0	15	10	0	10	10	0
Mean Market	2.75	2.13	1.4	2.8	2.2	1.2	1.3

Figura 17: Distância e acesso ao mercado (Fonte: cálculo próprio)

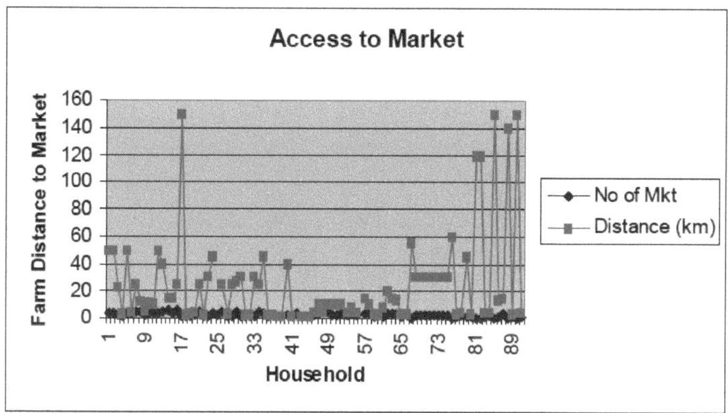

Figura 18: Disponibilidade de mercado (Fonte: cálculo próprio)

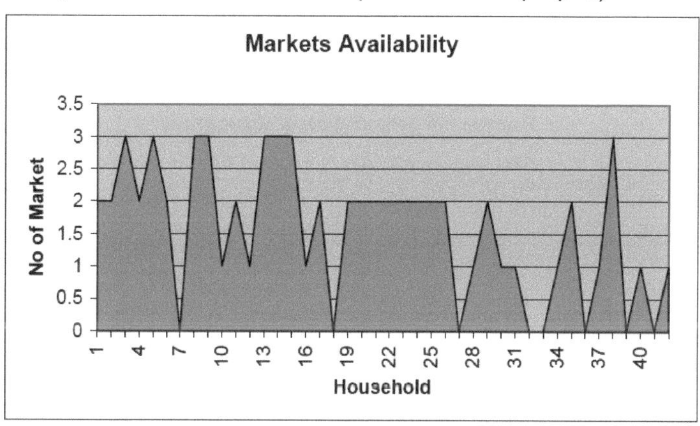

Quadro 7: Nível de instrução (Fonte: cálculo próprio)

NÍVEL DE EDUCAÇÃO

Área de estudo	Cabeça	Mãe	Crianças	Dependente	Educado
1	17	14	14	3	48
2	15	13	13	5	46
3	10	10	10	5	35
4	10	8	10	0	28
5	10	10	10	5	35
6	7	7	7	1	22
7	15	12	15	4	46

Figura 19: Educação do agregado familiar dos agricultores
(Fonte: cálculo próprio)

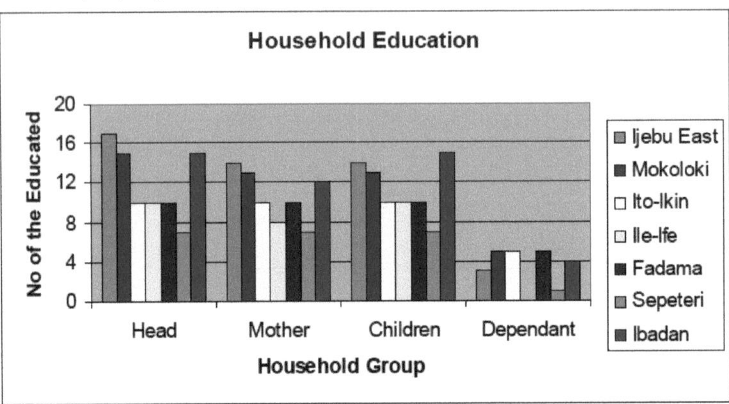

Figura 20: Participação e educação dos agricultores
Fonte: cálculo próprio)

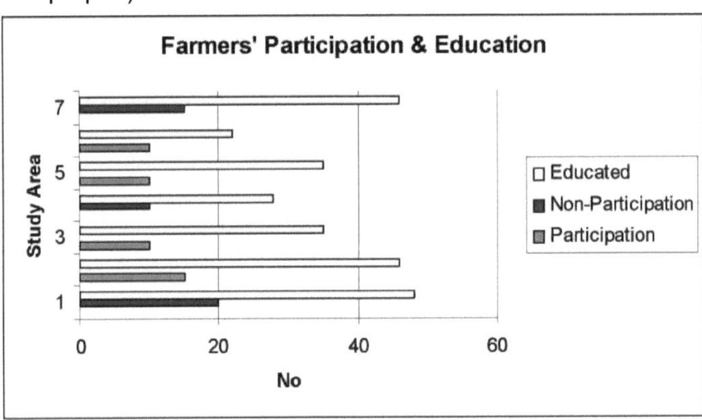

5.4 Gestão e organização de projectos de irrigação

5.4.1 Papel das organizações de produtores

As organizações de produtores têm um papel muito importante a desempenhar na gestão da produção de cacau em pequena escala na Nigéria. No início de 2002, foi criada uma Empresa Nacional de Desenvolvimento e Comercialização de Culturas Arbóreas com mandato para o cacau, entre outras culturas arbóreas, com a ajuda dos três níveis de governo - federal, estatal e local - que detêm um máximo de 40% das acções da empresa. Estas acções deverão ser devolvidas aos agricultores quando a empresa estiver plenamente estabelecida. Esta organização, uma empresa detida e gerida pelos agricultores, foi criada para desempenhar as seguintes funções

i. Funciona como um mercado futuro onde são transaccionados contratos futuros. Isto envolve o fornecimento de mercadorias de quantidade e qualidade aprovadas num momento específico no futuro a um preço acordado.

ii. Produção de sementes de alta qualidade e de novas raças e de materiais de plantação, fornecimento de outros factores de produção aos agricultores e gestão dos subsídios aos factores de produção concedidos pelo governo.

iii. Aumentar a produtividade e o rendimento dos agricultores, protegendo-os da exploração por parte de intermediários e comerciantes sem escrúpulos.

iv. A participação no comércio de exportação de produtos aumentará o repatriamento de divisas provenientes do comércio de exportação.

v. Prestação de assistência aos agricultores em caso de catástrofes.

vi. Constitui um canal muito eficaz de comunicação e interação com os agricultores, por um lado, e entre o governo e as agências multilaterais, por outro.

vii. Expor os agricultores ao desenvolvimento moderno e à inovação na agricultura.

No caso do sector do cacau, pode dizer-se que o principal objetivo desta organização é a gestão eficaz do sector com vista a um desenvolvimento sustentável. Apesar do objetivo da organização, teme-se que os meios para atingir os objectivos não estejam claramente definidos. Uma vez que o envolvimento dos agricultores na organização é possível através da sua filiação numa associação ou cooperativa de agricultores nas várias zonas de produção, é necessário sublinhar a necessidade de reforçar estes grupos ao nível da base. Nas áreas de estudo, apenas duas cooperativas - as Uniões Polivalentes de Produtores de Cacau de Ife e Akure (CPMU) - estavam a funcionar. Na área de Ibadan existem várias cooperativas de produtores de cacau mais pequenas, mas são menos eficientes nas suas operações em comparação com as CPMU de Ife e Akure, não sendo o sucesso destas últimas alheio à sua participação no projeto-piloto em curso (ICMT).

Todos os inquiridos desejavam um apoio mais eficiente da cooperativa em todos os aspectos do cultivo e comercialização do cacau. Para além dos papéis tradicionais das cooperativas de concessão de crédito agrícola, fornecimento de insumos agrícolas e comercialização da produção, as cooperativas de cacau nas áreas de estudo deveriam cumprir outras funções, por exemplo, ligar os agricultores aos resultados da investigação do Instituto de Investigação do Cacau da Nigéria (CRIN), cuja sede em Ibadan não é certamente demasiado longe para ser visitada para consultas. Como a maioria dos produtores de cacau são analfabetos, espera-se que os secretários das cooperativas estejam, através da sua proximidade com a investigação, em posição de prestar assistência aos agricultores na definição dos seus objectivos e na tomada de decisões para o planeamento e controlo de todos os processos envolvidos na criação eficiente, proteção e nutrição das culturas, transformação e comercialização dos produtos.

5.4.2 O Desenvolvimento de Organizações de Irrigação Apropriadas

Como era de esperar, as caraterísticas reais das formas de organização dos sistemas de irrigação são extremamente heterogéneas sob o aspeto global. Por um lado, os factores influentes (variáveis de situação) variam muito entre regiões. Por outro lado, os valores e as normas, bem como a reação das pessoas que formam a organização, às condições situacionais diferem. No conjunto, surge uma combinação típica de organização dos modelos do tipo ideal quando a profundidade da estrutura e o âmbito das funções das organizações diferem. A complexidade da influência das funções mais importantes nos sistemas de irrigação levou a uma agregação organizacional diferente (todas as funções são assumidas por uma organização) ou à divisão em várias organizações especializadas. As funções incluem a captação ou aquisição de água, o abastecimento e a distribuição aos diferentes níveis, bem como o controlo do fator de produção, a terra, até à perceção de tarefas adicionais relevantes nos serviços agrícolas (extensão, fornecimento de crédito e de factores de produção agrícola, comercialização) ou noutros domínios (controlo de cheias, produção de energia, etc.). No que diz respeito às caraterísticas reais, estes e outros factores nos sistemas de irrigação conduziram às mais diferentes formas de organização, o que torna difícil, por razões didácticas, a sua classificação adequada. Além disso, essa classificação não é um fim em si mesma, mas deve facilitar a orientação das organizações na rede de mudança institucional.

A leitura da literatura disponível mostra que os problemas de classificação dos sistemas de irrigação não foram suficientemente tratados até à data. Por conseguinte, apenas serão apresentadas breves descrições das tentativas individuais de classificação, com o objetivo de incentivar novos estudos:

- THORNTON (1975, 1976) classifica as organizações de irrigação de acordo com o grau de responsabilidades ou a distribuição da tomada de decisões nos sectores de aquisição, transporte e distribuição de água (e a influência exercida no uso da terra) e subdivide as organizações em esquemas privados e públicos como categorias importantes.

- CHAMBERS (1977) classifica as organizações de acordo com o sistema de aquisição e distribuição de água e baseia a diferenciação na responsabilidade da tomada de decisões.

- BOTTRAL (1981) analisa uma série de factores (variáveis de situação) que influenciam as formas de organização e a gestão dos sistemas de irrigação, ou melhor, designa as caraterísticas e combina-as com os critérios de eficácia do sistema.

- WALKER (1981) diferencia as organizações de irrigação de acordo com a propriedade e a utilização dos dois factores de produção, terra e água, e procede assim do ponto de vista dos utilizadores da água. Assim, a diferenciação é feita de acordo com a propriedade privada - individual, privada - colectiva e governamental - pública dos dois factores e, em todos os casos, é imputada a utilização pelo proprietário ou a transferência para outros utilizadores. Os pontos de intersecção mostram trinta e seis (36) possibilidades diferentes, dezasseis (16) das quais podem ser classificadas como tipos de organizações amplamente conhecidos

- No quadro de orientação da GTZ relativamente aos sistemas de irrigação (HUPPERT / WALKER, 1988), com base num estudo realizado por HUPPERT (1986), os factores situacionais selecionados para uma classificação são aqueles que exercem uma influência considerável na gestão da organização e controlo dos sistemas de irrigação sob uma influência externa. Dois pacotes de factores são combinados para a sub-divisão:

(1) O "Estado dos Sistemas de Rega" (baixo, médio, alto) inclui as seguintes

variáveis: área, número de utilizadores, níveis de gestão das organizações, objectivos de produção, flexibilidade e divisibilidade da tecnologia. Simultaneamente, todos os factores mencionados aumentam na mesma medida em que o estado do sistema e a complexidade do sistema crescem (objectos, grupos-alvo, exigências de recursos, dependência do ambiente) e vice-versa.

(2) O pacote de factores de variáveis de situação, "incerteza de gestão" (baixa, média, alta), contém os elementos de tradição de irrigação, complexidade e dinâmica do ambiente, disponibilidade de recursos, conflitos de objectivos, etc.

Os pontos de intersecção de cada grupo de três constelações mostram nove tipos diferentes de sistemas (ou constelações de sistemas) com os quais os decisores que lidam com sistemas de irrigação podem ser confrontados. O resultado é diferenciado por factores resultantes da cooperação internacional para o desenvolvimento e das intervenções que lhe estão associadas.

Dos cinco (5) esquemas de classificação selecionados, todos eles incapazes de fazer justiça à multifariedade da realidade, resultam os seguintes elementos como caraterísticas relevantes das formas de organização dos sistemas de rega:

- Responsabilidade pela aquisição, transporte e distribuição da água, sendo importantes os regulamentos formais e as relações informais;
- A dimensão da organização e, por conseguinte, a complexidade da estrutura organizacional e a multiplicidade de funções;
- Sistema de objectivos e pessoas e grupos participantes;
- Elementos de eficiência;
- Propriedade e utilização da água e da terra

A maior diversidade e variabilidade organizativa resulta do nível de distribuição da água, que se exprime, em graus diferentes, pelo envolvimento dos utilizadores da água nas responsabilidades. Todos os esquemas de classificação das organizações de rega não são satisfatórios. Num caso, não estão suficientemente de acordo com as formas organizacionais do tipo ideal na abordagem geral de contingência da teoria organizacional. Por outro lado, é extremamente difícil tipificar os diferentes sistemas de irrigação na sua totalidade, ou seja, classificar a combinação de organizações em todos os casos. A divisão em sistemas parciais e a sua classificação deveriam ser mais prometedoras. Os sistemas parciais podem ser novamente reunidos numa organização global ou podem existir como organizações independentes umas das outras. É claro que este trabalho não pode ser feito aqui, nesta fase.

5.5 Usos alternativos da irrigação no sudoeste da Nigéria

Em muitos sistemas de irrigação na Nigéria, a água dos canais ou de outras fontes de água de irrigação é utilizada para muitos outros fins, para além da agricultura. Assim, a utilização alternativa da água de rega pode ser simplesmente definida como a utilização da água destinada à agricultura para fins não agrícolas, tais como usos domésticos, comerciais, recreativos ou industriais, que podem ser designados como usos não agrícolas. Na bacia do rio Ogun-Osun, no sudoeste da Nigéria, a água de irrigação desempenha um papel crucial na satisfação das necessidades humanas básicas de água. Na ausência de bons recursos de água subterrânea, as pessoas nas zonas rurais canalizaram a água de irrigação dos sistemas de irrigação em grande escala para tanques subterrâneos ou cobertos e utilizaram-na para vários fins, como o abeberamento do gado, a lavagem de roupa, o fabrico de tijolos, bem como para beber e arrefecer, com ou sem tratamento. As zonas de estudo de Ijebu East e Mokoloki, no Estado de Ogun, dependem da água de irrigação para todas as suas necessidades, incluindo a agricultura, os usos domésticos, a pesca, os passeios de barco, a natação e a utilização de água para o gado, porque essa é a principal fonte de água nas zonas e está igualmente acessível ou disponível. Do mesmo modo, nas zonas de Fadama e Sepeteri, no Estado de Oyo, as utilizações alternativas de água identificadas no sistema de irrigação incluem: beber, cozinhar, tomar banho, limpar, nadar, lavar roupa, lavar veículos e outras actividades. Estas utilizações alternativas nas zonas de estudo foram agrupadas em utilizações domésticas, recreativas e empresariais ou comerciais. Os valores numéricos são apresentados na tabela 8 e ilustrados nas figuras 21 e 22. Os resultados revelam que os usos domésticos lideram com 55%, enquanto os usos recreativos e empresariais ou comerciais se seguem com 35% e 10%, respetivamente. O período de usos alternativos da água de rega varia entre sempre - 80%, época seca - 13% e ocasional - 7% (ver figuras 21 e 22 e tabela 8). Apesar de terem impactos positivos pronunciados, que servem como meios de subsistência viáveis nas áreas de estudo, também existem impactos negativos. A principal vantagem (ou seja, o mérito mais óbvio) de qualquer projeto ou sistema de irrigação é o aumento da acessibilidade da água para fins agrícolas e não agrícolas. No entanto, as actividades humanas e industriais, bem como a contaminação por produtos agro-químicos, como fertilizantes e pesticidas, tornam a água de irrigação sem tratamento prejudicial quando utilizada principalmente para fins domésticos. Há uma procura crescente de água de irrigação para usos não agrícolas, sem que haja um plano prático de reabastecimento e refinamento (ou seja, tratamento) antes da utilização. Há também a necessidade de desenvolver estratégias para gerir a procura para usos não agrícolas sem distribuir o equilíbrio do sistema de irrigação. Para isso, é necessário que os utilizadores não agrícolas dos sistemas de irrigação sejam reconhecidos nas políticas de recursos hídricos.

Quadro 8: Categoria e tempo de utilização alternativa da água de rega (Fonte: próprio C.)

S.A. Não	Área de estudo	Doméstico	Lazer	Negócios	Sempre	Ocasional	Estação seca
1	Ijebu Leste	11	7	2	12	1	2
2	Mokoloki	15	0	2	15	1	2
3	Ito-Ikin	0	0	0	0	1	2
4	Ile-Ife	0	0	0	0	1	2
5	Fadama	7	1	2	7	1	7
6	Sepeteri	10	10	8	3	6	6
7	Ibadan	3	2	3	2	1	1

Figura 21: Utilização alternativa da água de rega (Fonte: cálculo próprio)

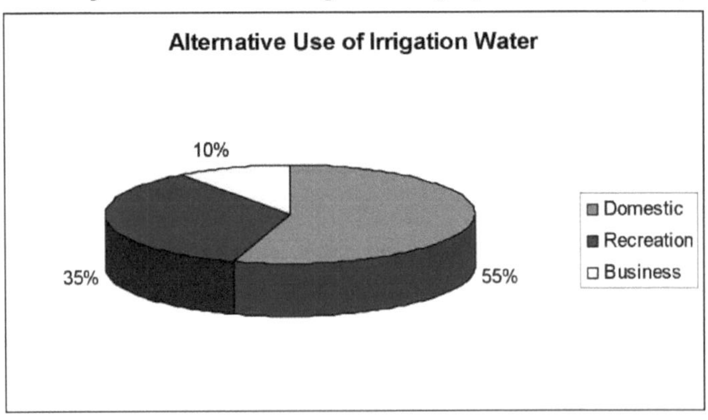

Figura 22: **Tempo para uso alternativo da água de irrigação** (Fonte: cálculo próprio)

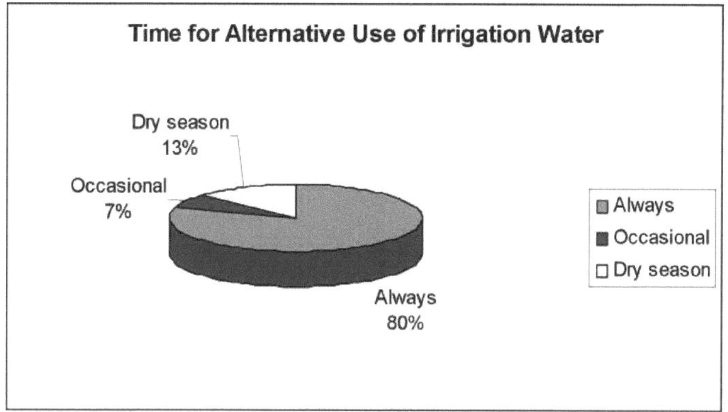

5.6 Rentabilidade das explorações agrícolas irrigadas e não irrigadas no sudoeste da Nigéria

Para além da rentabilidade do projeto do ponto de vista da economia nacional, é muito importante ter em conta a rentabilidade das explorações agrícolas envolvidas no projeto de irrigação, tal como utilizado no presente estudo. Isto resulta do facto de que, mesmo que a irrigação seja rentável do ponto de vista da comunidade nacional no seu conjunto, não tem qualquer hipótese de ser adoptada se os agricultores não retirarem dela qualquer interesse. É, portanto, um esforço inútil continuar a estudar e a executar se os agricultores não puderem utilizá-la de forma muito rentável. Felizmente, nem sempre se verificam circunstâncias em que a irrigação não é rentável para os agricultores. E quando isso acontece, raramente é necessário abandonar o projeto, mas apenas proceder a ajustamentos nas estruturas agrícolas, no sistema de crédito ou nas condições de venda da água (para citar apenas os procedimentos mais utilizados), de modo a tornar a irrigação atractiva para os agricultores e levá-los, assim, a utilizar corretamente os recursos colocados à sua disposição. O estudo ao nível da exploração tem, portanto, um duplo objetivo: por um lado, verificar se os interesses dos agricultores coincidem, de facto, com os da coletividade e, por outro lado, em caso de resposta negativa às questões precedentes, introduzir alterações na política agrícola ao nível da área a regar que assegurem a compatibilidade entre os objectivos da coletividade e os dos indivíduos. A situação "com regadio" foi calculada segundo a mesma dinâmica que a situação "sem regadio".

Quadro 9a: Produção dos agricultores de regadio e de sequeiro entre 2000 e 2005 (100Kg/Hectares) - (Fonte: cálculo próprio)

Categoria dos agricultores	**2000**	**2001**	**2002**	**2003**	**2004**	**2005**
Irrigação da exploração 1	3	5	5	6	8	9
Irrigação da exploração 2	3	5.2	4.9	6.1	8.5	8.7
Irrigação da exploração 3	4	5	7.7	10.2	9.5	10.5
Irrigação da exploração 4	3	3.5	6	11	9.5	11
Irrigação da exploração 5	2.5	3.2	4.5	10.8	10.2	11.5
Irrigação da exploração 6	2	3	5.5	7	9	10.5
Irrigação da exploração 7	3	3.5	6	11	9.5	11
Irrigação da exploração 8	4	5	7.7	10.2	11	12
Irrigação da exploração 9	2.5	4	5.2	7.1	9	10.3
Irrigação da exploração 10	2	4	6	8	10	11
Média	**2.9**	**4.14**	**5.85**	**8.74**	**9.42**	**10.55**
Exploração não irrigante 1	2	2.5	3	3.5	4	5
Exploração não irrigante 2	2	3	3.5	4	5	6
Exploração não irrigante 3	1.5	2.5	3.5	4	4.5	4
Exploração não irrigante 4	2	3	3.5	5	4.5	4.8
Exploração não irrigante 5	2.5	3.5	4	4.5	5	5
Exploração não irrigante 6	3	3.5	4	4.5	5	4.5
Exploração não irrigante 7	3	4	3.5	4.5	5	4.5
Exploração não irrigante 8	3	4	4.5	5	4.8	5
Exploração não irrigante 9	2.5	3	3.5	4	4.5	5
Exploração não irrigante 10	2	3	4	3.5	4	5
Média	**2.35**	**3.2**	**3.7**	**4.25**	**4.63**	**4.88**

Quadro 9b: ANOVA unilateral para o quadro 9a

(Fonte: cálculo próprio)

		Soma de quadrados	df	Quadrado médio	F	Sig.
Y2000	Entre grupos	1.512	1	1.512	3.931	.063
	Dentro dos grupos	6.925	18	.385		
	Total	8.438	19			
Y2001	Entre grupos	4.418	1	4.418	8.852	.008
	Dentro dos grupos	8.984	18	.499		
	Total	13.402	19			
Y2002	Entre grupos	23.113	1	23.113	33.269	.000
	Dentro dos grupos	12.505	18	.695		
	Total	35.618	19			
Y2003	Entre grupos	100.800	1	100.800	43.109	.000
	Dentro dos grupos	42.089	18	2.338		
	Total	142.889	19			

Y2004	Entre grupos	114.721	1	114.721	255.029	.000
	Dentro dos grupos	8.097	18	.450		
	Total	122.818	19			
Y2005	Entre grupos	160.745	1	160.745	243.123	.000
	Dentro dos grupos	11.901	18	.661		
	Total	172.646	19			

Figura 23: Produção dos agricultores de regadio entre 2000 e 2005 (100kg/ha) (Fonte: cálculo próprio)

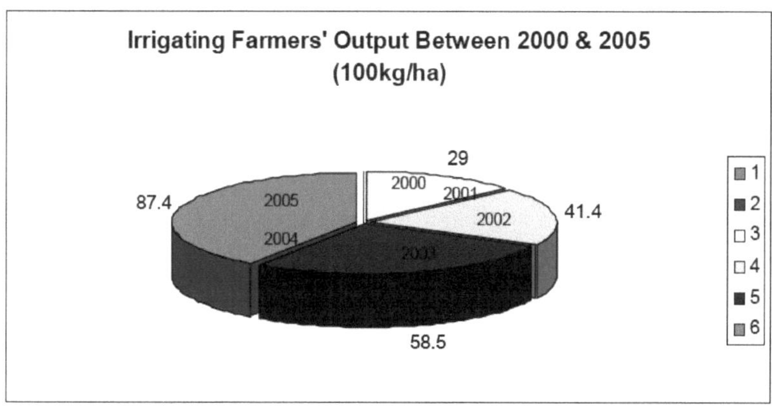

Figura 24: Produção dos agricultores de sequeiro entre 2000 e 2005 (100kg/ha) (Fonte: cálculo próprio)

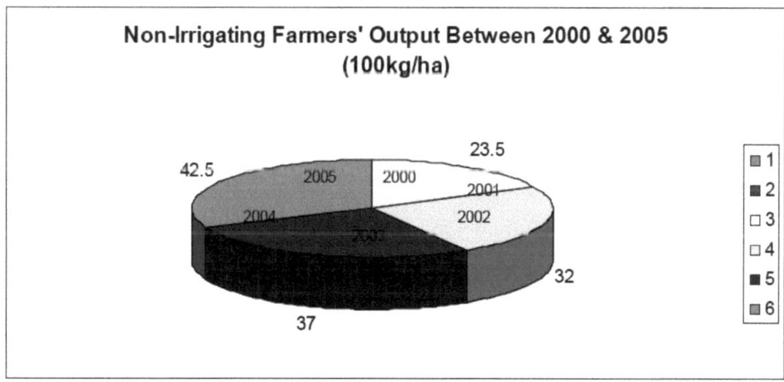

A rentabilidade da irrigação ao nível da exploração está relacionada com as despesas reais incorridas pelas explorações e os lucros que obtêm quando o projeto é posto em prática. O cálculo apresentado no quadro 9 e nas figuras 23 a 24 foi efectuado para algumas explorações representativas com condições agro-ecológicas, climáticas, pedológicas e económicas semelhantes. A irrigação leva a mudanças profundas nas explorações irrigáveis. A produção representa o total dos produtos não transformados, mas comercializáveis, das explorações de cacau (por exemplo, vagens de cacau) entre o ano 2000 e 2005. Note-se que algumas das explorações de regadio começaram mais tarde do que outras, o que explica a proximidade da produção nos dois primeiros anos. No entanto, no final de 2005, existe uma relação de duplo rendimento nas explorações, que pode ser informada pelo aumento da quantidade de irrigação, melhores práticas de gestão agrícola, etc. A adaptação processa-se em duas fases. Na primeira, a água foi fornecida às explorações e as terras preparadas para a irrigação. Na segunda, a estrutura produtiva das explorações foi modificada, o investimento efectuado e o capital de exploração aumentado. Embora se registe algum aumento nas explorações de sequeiro, em resultado de melhores métodos de fertilização e de variedades melhoradas, há uma grande diferença em relação às explorações de regadio.

Os valores numéricos são apresentados no quadro 9a e ilustrados nas figuras 23 e 24.

Figura 25: Dimensão do agregado familiar e sexo (Fonte: cálculo próprio)

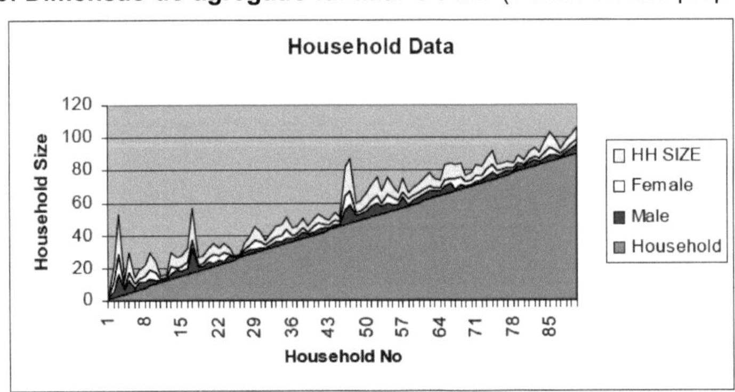

Figura 26: Dimensão do agregado familiar dos agricultores e sexo (Fonte: cálculo próprio)

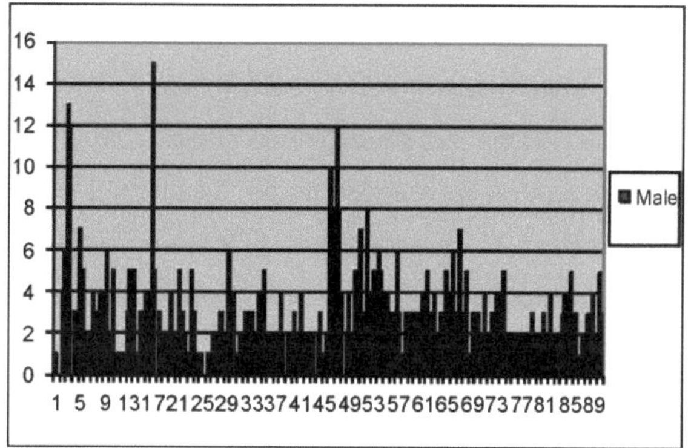

5.7 Manutenção do sistema de irrigação

5.7.1 Tipos de sistemas de irrigação

Existem vários tipos de sistemas de rega, no sudoeste da Nigéria; os que se podem obter são a rega por aspersão, a rega manual, o sistema de inundação e a rega gota a gota. Para muitas paisagens, a irrigação gota a gota é a melhor forma de regar. Este método é superior à aspersão ou à rega manual porque:

- Não desperdiça água em ervas daninhas e áreas não plantadas.
- Melhora o crescimento das plantas, mantendo as raízes húmidas mas deixando a superfície seca para que o solo possa respirar.
- Reduz as doenças das plantas causadas por salpicos de terra e humedecimento da folhagem.
- Poupa tempo que de outra forma seria gasto a deslocar mangueiras, ajustar aspersores, mondar e controlar doenças.
- Evita a erosão e o escoamento que desperdiça os recursos hídricos e polui os nossos cursos de água.

A rega gota a gota pode ser utilizada para árvores, arbustos, legumes e canteiros de flores, e até mesmo para plantas em contentores. Não é habitualmente utilizada para relvados. Um sistema de rega gota-a-gota funciona de forma muito diferente de um aspersor. Utiliza tubos de plástico flexíveis, que podem ficar à superfície do solo ou ser enterrados a pouca profundidade. A água é aplicada diretamente no solo através de pequenos orifícios designados por "emissores", "pulverizadores" e "microaspersores", que variam em função da disposição do jardim, do terreno, do tipo de solo e das necessidades de manutenção. Permite-lhe manter um nível de humidade ideal no seu solo, o que promove plantas mais fortes e saudáveis. É fácil de utilizar e adaptável à maioria das situações de jardim. Com a rega convencional, a água perde-se por evaporação e escoamento. Também é distribuída de forma desigual na zona das raízes. Com a rega gota a gota, a cobertura vegetal seca no topo do solo pára a evaporação e a água é distribuída uniformemente para a zona das raízes.

5.7.2 Planeamento e seleção do sistema de irrigação

5.7.2.1 Planeamento do sistema de irrigação

Para planear eficazmente um sistema de rega, sugerem-se os seguintes passos:

- Desenhe um mapa da sua exploração agrícola com as dimensões e a localização das suas plantas e canteiros
- Utilizando as informações abaixo, identifique os emissores, pulverizadores e micro-pulverizadores necessários para cada situação.
- Faça um esboço das linhas de tubagem e / ou tubos para distribuir a água onde for necessário.
- Contar as peças e medir os tubos e / ou canos necessários.
- Comprar os componentes e instalar o sistema.

5.7.2.2 Seleção do sistema de irrigação

Relativamente à montagem da torneira, devem ser instaladas três (3) peças essenciais no sistema de rega:

- Um desconector impede que a água suja ou os fertilizantes entrem na água potável.
- Um filtro remove os detritos, que podem entupir os emissores.
- Um redutor de pressão ajuda a distribuir a água uniformemente e evita danos no sistema.

Para os recipientes, são necessários Misters ou emissores espaçados para espalhar a água através de misturas de vasos de drenagem rápida. Os recipientes necessitam de rega frequente mas breve. Devem ser regados separadamente das outras zonas da exploração.

No que diz respeito às plantas de cobertura do solo e às culturas de folhas, os micro-pulverizadores são utilizados para regar plantas de cobertura do solo plantadas de perto e plantas que preferem uma folhagem húmida. Os pulverizadores são por vezes utilizados para molhar toda a zona das raízes das árvores. Para canteiros anuais e perenes, as linhas emissoras e a fita gota-a-gota são utilizadas para regar minuciosamente os canteiros plantados de perto. Ambos têm emissores pré-instalados a um espaçamento regular (normalmente 6", 12", ou 18" de distância). O espaçamento entre emissores e os caudais são selecionados em função da disposição das plantas e do tipo de solo. Relativamente a arbustos e árvores, os emissores são colocados perto da base de cada planta. À medida que a planta cresce, são adicionados emissores para regar as zonas de raízes maiores.

5.7.3 Manutenção do sistema de irrigação

5.7.3.1 Utilização eficaz do sistema de irrigação

Utilizado corretamente, o sistema de rega permite-lhe regar apenas o suficiente para manter o solo à volta das raízes húmido. A frequência e a duração da rega dependem do tipo de solo e do caudal do sistema. Por exemplo, os solos arenosos necessitam de uma rega mais frequente e mais curta do que os solos argilosos. Para verificar as necessidades da sua exploração, cave o solo antes e depois da rega para ver quando é necessário regar e durante quanto tempo o sistema deve funcionar.

Tabela 10: Exemplos de calendários semanais de rega (Fonte: cálculo próprio)

Tipo de plantação	Disposição do emissor	Utilização da água	Tempo total de funcionamento semanal
Arbustos e árvores	Um emissor (1 galão / hora) por 4 pés quadrados de cobertura	$^{1}/_{2}$ " por semana	Duas aplicações de 40 minutos
Anuais e perenes	Um emissor (1 galão /	¾ "- 1" por	Duas aplicações de 20 minutos

	hora) por 4 pés quadrados de canteiro plantado	semana	ou três de 15 minutos

Quadro 11: O número e a localização dos emissores (Fonte: cálculo próprio)

Propagação da planta	Emissores*	Colocação
Menos de 2'	1	2 - 6" da planta
2 - 4'	2	1' de cada lado
4 - 6'	3	2 - 3' da planta
Mais de 6'	1 por cada 2,5' de diâmetro	2' de diâmetro à volta da planta

Nota: *Os emissores podem ser espaçados 50% em solos argilosos

5.7.3.2 Cuidados adequados para um sistema de rega sem problemas

Os problemas mais comuns dos sistemas de rega podem ser evitados com uma manutenção adequada. O sistema de rega pode não ser apropriado para explorações agrícolas onde não seja possível ter este nível de cuidado abaixo mencionado:

- A sachadura, a transplantação e outras actividades que possam danificar as peças devem ser efectuadas por alguém que conheça o sistema de irrigação e tenha cuidado para evitar danificar as linhas
- Verificar e limpar os filtros regularmente.
- Em cada outono, drenar as linhas que não se esvaziam naturalmente através de emissores, para evitar que os acessórios sejam danificados pelo congelamento.
- Verifique regularmente o sistema enquanto este está a funcionar. Procure fugas e pulverizações ou áreas húmidas causadas por emissores ou acessórios partidos.

Utilize temporizadores eléctricos para ligar e desligar o sistema. As unidades que funcionam a pilhas e que se aparafusam às torneiras do exterior são baratas e simples de utilizar. Os temporizadores de encaixe que controlam as válvulas eléctricas são mais económicos para sistemas de várias zonas.

5.7.3.3 Perguntas comuns sobre manutenção

Q1. Posso instalar o meu próprio sistema de rega?

A1. Sim, é fácil. As peças do sistema encaixam-se sem ferramentas especiais e podem ser ligadas a qualquer torneira no exterior. Nalguns casos, o responsável das autoridades organiza a instalação.

Q2. As mangueiras de imersão são consideradas um sistema de rega?

A2. Não exatamente: Os tubos de imersão utilizam o mesmo conceito, mas são geralmente muito menos eficientes. Os seus caudais variam muito e resultam numa rega irregular.

Q3. O entupimento é um problema do sistema de rega?

A3. Não, se utilizar filtros baratos e novos tipos de emissores que eliminam os detritos e resistem ao entupimento.

Q4. As linhas de irrigação são danificadas pela manutenção da exploração?

A4. Não se o sistema for bem planeado e se a exploração for gerida por alguém que conheça o sistema.

Q5. A rega gota-a-gota é melhor do que a rega por aspersão em termos de custos?

A5. Sim, uma vez que o sistema de gotejamento pode ser instalado acima do solo, é mais barato do que os sistemas de aspersão. Uma vez instalado, pode pagar-se a si próprio em tempo e poupança de água.

Q6. Um sistema de aspersão pode ser convertido num sistema de gotejamento?
A6. Facilmente: As cabeças dos aspersores podem ser substituídas por ligações a tubos de gotejamento.

5.8 Avaliação do impacto ambiental de projectos de irrigação

5.8.1 Objectivos da avaliação do impacto ambiental

Os projectos de irrigação, cujo objetivo, na maioria dos casos, é aumentar o rendimento das famílias de agricultores através da intensificação da produção, dão origem a impactos ambientais profundos, tanto no solo como nos recursos hídricos. Normalmente, a intensificação da produção agrícola é sinónimo de aumento da utilização de produtos químicos, como fertilizantes e pesticidas. Muitas vezes, a utilização de águas residuais comunitárias, etc., pode estar associada a problemas de saúde consideráveis. A maior parte das organizações doadoras de projectos de desenvolvimento de irrigação exigem certos procedimentos de avaliação ambiental durante as fases de pré - viabilidade e viabilidade de um projeto. No entanto, a avaliação das consequências ambientais dos projectos de irrigação é uma tarefa difícil, bem como a fiabilidade das declarações sobre o ambiente. No entanto, se as questões ambientais não forem tratadas de forma adequada, a produtividade agrícola pode ser afetada negativamente. A longo prazo, isso pode pôr em perigo a sustentabilidade das explorações agrícolas. Os impactos mais graves da irrigação no ambiente podem ser resumidos da seguinte forma:

5.8.1.1 Enchimento de água e salinidade do solo

Muitas áreas irrigadas estão situadas em vales ou bacias hidrográficas com declive limitado e drenagem deficiente. Em muitas destas áreas de irrigação, a gestão inadequada da água causou uma elevação considerável dos lençóis freáticos. A menos que exista uma drenagem natural suficiente, que controle o lençol freático a um nível aceitável, ocorre um fluxo ascendente para a zona radicular. Isto pode resultar num grave encharcamento. De facto, o fluxo ascendente de água para a zona das raízes é uma das principais razões para o aumento do teor de sal nos solos. Particularmente em condições áridas e semi-áridas, a água evapora-se a taxas elevadas e os sais permanecem nos estratos superiores dos solos. De acordo com Jensen (1993), 24% de todas as terras irrigadas a nível mundial estão a sofrer de salinização causada por irrigação deficiente. Os sais mais importantes dos solos salinos são: NaCl, NaSÜ4, MgSÜ4, Na2CO3, & MgCl2.

5.8.1.2 Utilização de produtos agro-químicos

O azoto é geralmente o nutriente mais limitante para as plantas nos solos e, por conseguinte, um dos factores mais críticos que influenciam a produção agrícola. A utilização excessiva de fertilizantes azotados inorgânicos em terras irrigadas pode resultar numa contaminação considerável das águas subterrâneas. Além disso, os nitratos e fosfatos podem descarregar-se no sistema de drenagem e causar condições eutróficas. Como as velocidades de escoamento são normalmente lentas, a água torna-se eutrófica, o que, por sua vez, favorece o crescimento considerável de ervas daninhas. As ervas daninhas reduzem as caraterísticas hidráulicas dos canais abertos. Consequentemente, o nível da água nos canais de drenagem aumenta, o que reduz a carga hidráulica. No entanto, é necessária uma carga hidráulica suficiente para remover a água dos solos. Como consequência destes processos, pode observar-se o seguinte:

- Encharcamento: se a carga hidráulica for reduzida, os níveis de água no campo de drenagem sobem e pode ocorrer o encharcamento das camadas superiores do solo
- Água eutrófica estagnada: cheiro forte, processos de putrefação, obstrução completa da drenagem
- Consequências higiénicas: em muitos perímetros observou-se que a água de irrigação era utilizada também para fins recreativos e domésticos (beber, cozinhar, nadar, lavar, tomar banho). Se a água de drenagem e a água doce se misturarem, são de esperar problemas sanitários consideráveis. As águas de drenagem contaminadas podem estar na origem de doenças transmissíveis pela água (diarreia, malária, cólera, etc.).

5.8.1.3 Impactos dos pesticidas

Na maioria dos países ocidentais, a utilização de pesticidas está estritamente regulamentada. Só podem ser utilizados pelos agricultores os produtos químicos que foram testados exaustivamente e considerados aceitáveis. No entanto, na maioria dos outros países, incluindo a Nigéria, as regras são muito menos rigorosas. Esses pesticidas, que foram retirados dos mercados ocidentais, estão disponíveis livremente, muitas vezes a preços subsidiados. Como resultado, podem encontrar-se solos onde os metais são muito pesados. No interior dos solos, os solutos são translocados e acabam por ser arrastados para as águas subterrâneas. Outra ameaça ambiental é a contaminação atmosférica com pesticidas. A contaminação atmosférica pode ser provocada pela erosão eólica. As partículas de poeira que transportam pesticidas da superfície do solo ou da copa das plantas são espalhadas para a atmosfera. Estas partículas de pesticidas permanecem na atmosfera até que a chuva provoque a sua queda. Embora o transporte atmosférico possa adicionar pequenas quantidades de pesticidas, o escoamento é uma fonte maior de poluição das águas superficiais. Além disso, se forem manuseados sem os devidos cuidados, os produtos químicos podem derramar-se acidentalmente e contaminar os solos e a água. Esta situação está frequentemente associada a armazenamento, transporte e eliminação inadequados.

5.8.1.4 Problemas de higiene e saúde

Os riscos higiénicos estão relacionados com a irrigação mal gerida e com a utilização de águas residuais comunitárias não tratadas, que podem criar condições favoráveis a doenças infecciosas como a esquistossomose (bilharzias), o dengue e a febre hemorrágica do dengue, a hepatite, a filariose, a oncocercose (cegueira dos rios), a malária e a diarreia. Nas zonas irrigadas, um novo regime ecológico pode causar efeitos potencialmente nocivos. Sabe-se que a água dos lagos e um microclima húmido podem aumentar o risco de malária. Estes impactos ambientais, que estão associados aos projectos de irrigação, podem ser reduzidos através da incorporação de medidas ambientais no processo de planeamento e conceção, devendo ser prestada especial atenção à implementação efectiva da avaliação do impacto ambiental.

5.8.2 Avaliação do impacto ambiental em diferentes fases de projectos de irrigação

O objetivo principal é identificar os impactos negativos graves que as práticas de irrigação podem ter no ambiente. Posteriormente, a avaliação do impacto ambiental (AIA) deve conceber estratégias adequadas de prevenção e mitigação, que podem ser integradas nas actividades normais do projeto. Em cada etapa do ciclo do projeto, a escala e a precisão da avaliação do impacto ambiental são diferentes. Durante o estudo de pré-viabilidade, um exame ambiental inicial mostra se o projeto envolve impactos ambientais graves. São identificados os riscos que devem ser objeto de uma atenção especial no planeamento, conceção, construção e acompanhamento do projeto. Na fase de viabilidade, a avaliação do impacto ambiental consiste nas seguintes etapas:

1. Descrição do projeto e enquadramento geral
2. Definição da área a ser examinada
3. Balanço e avaliação do ambiente no domínio examinado
4. Avaliação dos potenciais impactos no ambiente

Durante o planeamento e a conceção do projeto, têm de ser desenvolvidas medidas especiais de prevenção e mitigação, tais como a conceção de terraços em encostas para minimizar a erosão superficial e a preparação de campanhas de educação sobre saneamento e higiene. Durante a fase de construção e exploração, as medidas ambientais propostas são aplicadas e o seu progresso monitorizado. As componentes do sistema ambiental e os parâmetros relevantes para a AIA são enumerados no Quadro 12. O diagrama de fluxo da FAO da Avaliação do Impacto Ambiental (AIA) para projectos de irrigação e drenagem também os reforça.

Tabela 12: Componentes e parâmetros relevantes do sistema ambiental para a avaliação de impacto (Fonte: Modificado após GFA - Agrar)

Componente do sistema ambiental	**Parâmetro**
Solos	• Propriedades físicas e químicas do solo • Taxas de erosão / sedimentação na área do projeto
Regime hídrico	• Descarga dos cursos de água acima e abaixo da zona do projeto • Caudal e níveis de água em pontos críticos do sistema de rega • Elevações do nível freático na zona do projeto e a jusante • Consumo de água pela população local • Estado dos canais de distribuição e drenagem
Qualidade da água	• Qualidade da água dos fluxos de entrada e de retorno do projeto (carga de nutrientes, etc.) • Qualidade da água dos canais de drenagem (também resíduos de pesticidas e fertilizantes) • Qualidade das águas subterrâneas na zona do projeto • Níveis de salinidade da água nos poços costeiros
Condições de higiene e saúde	• Incidência de doenças e presença de vectores de doenças • Estado de saúde das populações do projeto
Avaliação biológica das unidades populacionais	• Alterações na vegetação natural • Alterações nas populações de animais selvagens • População e espécies de peixes

Capítulo 6.0 Resumo e recomendações

6.1 Estratégias para a gestão da irrigação na Nigéria

A irrigação é uma fonte potencial extremamente importante de estabilidade e de crescimento da produção agrícola em África. Por conseguinte, as políticas macroeconómicas e as políticas sectoriais fronteiriças devem fornecer os sinais corretos no que respeita à rentabilidade dos investimentos nas zonas irrigadas. No entanto, esses sinais, por si só, não são suficientes para garantir investimentos eficientes num subsector como o da irrigação. É igualmente necessário tomar decisões estratégicas no âmbito do subsector da irrigação, para que, por um lado, haja recursos disponíveis e, por outro, a força das suas instituições. Estas decisões estão relacionadas com o tipo e a dimensão dos projectos de irrigação, o modo de transferência de tecnologia, a disponibilidade de capacidades técnicas e de gestão, a localização do sistema, o custo e o financiamento do projeto e a sustentabilidade do projeto. Cada um destes factores deve ser considerado no contexto de um quadro global sólido de política agrícola. A experiência do Banco Mundial mostra claramente que muitos países seguem mais do que uma estratégia alargada no domínio da irrigação. Por exemplo, a Nigéria adoptou no passado estratégias duplas - um programa primário de projectos de irrigação de grande escala e um programa secundário de iniciativas privadas e públicas de pequena escala. A questão que se coloca nestes casos é saber como é que as diferentes estratégias se comparam com os relatórios sobre a relação custo-eficácia e as suas contribuições para o crescimento agrícola e a equidade. O Banco e outros doadores têm experiência suficiente na agricultura africana para fornecer algumas lições valiosas que podem orientar os futuros investimentos no sector na direção certa.

Foram levantadas muitas questões sobre as estratégias de grande escala, especialmente sobre a sua eficiência económica, o seu impacto na produção agrícola e no emprego, a viabilidade técnica e as capacidades das instituições existentes para operarem e manterem os sistemas de irrigação numa base sustentada, quando os custos irrecuperáveis de investimentos anteriores tornam tentadora a reabilitação ou investimentos adicionais. Em contrapartida, a irrigação em pequena escala tem tido experiências largamente positivas e oferece um considerável potencial inexplorado de expansão, envolvendo investimentos públicos e privados. Os agricultores podem adotar uma série de medidas para apoiar os esforços privados. Quando o sector público está envolvido, deve ser feito um esforço para descentralizar os sistemas de irrigação e tornar os seus clientes diretamente responsáveis por eles. As operações tornar-se-ão então mais fáceis de gerir, uma vez que os utilizadores terão mais controlo sobre decisões importantes relativas à disponibilidade e utilização da água. Deve ser dada uma atenção explícita à estratégia subsectorial para que sejam tomadas as decisões corretas relativamente à tecnologia, ao desenvolvimento institucional e aos investimentos subsectoriais. A "abordagem de projeto" tradicionalmente seguida pelo Banco Mundial e outros doadores pode ser uma grande ajuda no desenvolvimento da irrigação em pequena escala. Frequentemente, não é dada atenção adequada ao subsector da irrigação como um todo e, portanto, à necessidade de uma abordagem abrangente do potencial de irrigação, ou aos papéis apropriados da irrigação em grande e pequena escala e aos passos necessários para desenvolver este potencial. Pelo contrário, em países onde a irrigação em pequena escala tem sido bem sucedida, como a Nigéria, este registo de realizações pouco tem feito para mudar a ênfase da estratégia de irrigação em grande escala em vigor. Existem incentivos poderosos para seguir a via da grande escala: O poder político e económico, a tomada de decisões e a distribuição do patrocínio que os esquemas de irrigação em grande escala implicam estão todos centralizados. Por conseguinte, deve ser realizada uma análise económica, técnica, de gestão e política cuidadosa para testar a eficácia relativa das duas estratégias e os pesos relativos que devem ser atribuídos a diferentes tipos de objectivos na prossecução da irrigação, à luz da disponibilidade de recursos, da utilização alternativa dos fundos disponíveis e das forças institucionais do país em questão.

6.1.1 Políticas macroeconómicas e sectoriais

Na década de 1970, a Nigéria registou um grande aumento das receitas do petróleo que lhe permitiu aumentar significativamente as suas despesas públicas. O boom do petróleo ocorreu na sequência de uma guerra civil e substituiu os impostos sobre as exportações agrícolas como fonte de receitas. Neste processo, as receitas e as despesas do governo federal registaram um aumento acentuado. As grandes despesas urbanas retiraram mão de obra da agricultura. A revisão das taxas de câmbio no mesmo período actuou como um desincentivo às exportações agrícolas. A política governamental contribuiu para um aumento acentuado dos preços dos produtos alimentares após o primeiro boom petrolífero e, apesar do rápido crescimento das importações de produtos alimentares, os preços dos produtos alimentares mantiveram-se elevados em relação aos preços dos produtos não alimentares durante as décadas de 1970 e 1980. Os termos de troca internos entre culturas alimentares e não alimentares mudaram acentuadamente a favor das culturas alimentares, o que impulsionou o aumento do investimento do governo nigeriano na irrigação em grande escala, como forma de alcançar a autossuficiência nacional em alimentos, e as receitas públicas caíram a pique. Depois, no início da década de 1980, os preços do petróleo caíram, reduzindo também os recursos disponíveis para a irrigação em grande escala. Consequentemente, desenvolveu-se um grande fosso entre as despesas públicas orçamentadas e as reais, o que reflectia a falta de realismo no planeamento do investimento, dos programas a partir dos lucros do petróleo, de modo a assegurar as actividades de manutenção e operação. Não só o ambiente macroeconómico da Nigéria era hostil à agricultura, como também as circunstâncias políticas infelizes prevaleciam a nível setorial. A instabilidade política causada por uma série de golpes militares e quatro anos de regimes civis contribuiu para numerosas mudanças nas iniciativas de política alimentar. Um documento governamental reconhece que: "As políticas agrícolas do passado na Nigéria caracterizaram-se por mudanças ou instabilidade frequentes. Esta instabilidade resulta não de alguns factores exógenos imprevisíveis, mas mais frequentemente de mudanças no governo ou nas personalidades ou nas personalidades dos operadores do sistema".

6.1.2 Estratégia de irrigação

As estratégias de irrigação da Nigéria são particularmente interessantes devido ao ambiente macroeconómico e à política do sector agrícola, juntamente com o seu fascínio pela irrigação em grande escala. A Nigéria tem dado ênfase aos programas de irrigação em grande escala e tem-nos prosseguido ativamente desde a década de 1970.

A estratégia de irrigação dualista da Nigéria consistia em (1) um programa primário de projectos de irrigação em grande escala, sob a direção das Autoridades de Desenvolvimento das Bacias Hidrográficas, e (2) um fluxo secundário de esquemas de irrigação em pequena escala, implementados através das Fadamas, operações de bombas e poços tubulares nos Projectos de Desenvolvimento de Área (ADPs). A "tendência para a grande escala" na irrigação significou que, entre 1973 e 1984, a irrigação foi responsável por 40% das despesas agrícolas do governo. Foram gastos cerca de 3 biliões de nairas, mas apenas 30.000 hectares de terra (ou 4% da área total irrigada) foram irrigados - custando aproximadamente 100.000 dólares por hectare à taxa de câmbio oficial pré-desvalorização. Em meados da década de 1980, os sistemas de pequena escala associados às Fadamas e às zonas baixas representavam cerca de 94% da irrigação da Nigéria - cobrindo cerca de 780.000 hectares de uma área total irrigada de 830.000 hectares - a maior parte na cintura média e no norte. Em contraste com os sistemas informais de irrigação de superfície, os dispositivos tradicionais de elevação de água e os sistemas de bombagem ADP irrigam apenas cerca de 10.000 dos 930.000 hectares. A principal agência governamental de irrigação - o Departamento de Irrigação - não tem estado envolvida nestes esquemas de pequena escala. Atualmente, existe na Nigéria uma preocupação crescente com o futuro dos projectos de grande escala e com a sua produtividade. Tornou-se evidente que as taxas de retorno para os projectos de pequena escala não têm em conta os investimentos a jusante em canais e canais de campo para disponibilizar água aos agricultores. De facto, em alguns casos, as barragens afectaram o fluxo de água e os lençóis freáticos e, consequentemente, a irrigação de superfície e de poços tubulares. Os críticos têm questionado se os grandes projectos são, de facto, rentáveis e por que razão é necessário recorrer a especialistas externos para a conceção e engenharia destes projectos, o que significa uma dependência contínua de fontes externas de tecnologia e gestão. O governo parece disposto a rever a carteira de investimentos em irrigação em grande escala e a avaliar o desempenho caso a caso.

6.1.3 O papel do Banco Mundial na irrigação

É difícil generalizar sobre o envolvimento do Banco Mundial no sector da irrigação em África, exceto para dizer que a sua aprovação tem sido relativamente cautelosa e tem variado de país para país, à medida que as decisões têm mudado ao longo do tempo, com o crescente reconhecimento da importância da irrigação. A abordagem do Banco à irrigação na Nigéria também mudou ao longo do tempo. No final da década de 1960, o Banco não estava bem disposto em relação à irrigação, na convicção de que os pequenos agricultores nigerianos ainda não tinham sido orientados para a disciplina da agricultura de regadio, que ainda não existiam sistemas agrícolas económica e tecnicamente viáveis para a agricultura de regadio e que a natureza de capital intensivo dos esquemas anteriores não tinha proporcionado taxas de retorno económicas atractivas. No entanto, no início da década de 1970, os funcionários do Banco ficaram impressionados com a contribuição dos esquemas tradicionais de irrigação Fadama do Sudoeste, que os ADP financiados pelo Banco promoveram juntamente com a irrigação por poços tubulares. A maior parte dos benefícios económicos dos PDA nas zonas do norte da Nigéria, em grande parte alimentadas pela chuva, provém agora da irrigação em pequena escala, que promoveu a produção de arroz e de culturas hortícolas. No entanto, mesmo no caso da irrigação em pequena escala, há ainda muito a fazer para reforçar a capacidade do governo para planear e executar pequenos projectos. O Banco não participou nas actividades das autoridades de desenvolvimento fluvial na Nigéria, que envolvem os interesses de vários Estados e exigem o envolvimento direto do governo central. As pressões para a centralização são poderosas na Nigéria - e noutros locais - e os interesses nacionais e estrangeiros politicamente poderosos que beneficiam da construção de irrigação em grande escala tendem a reforçar a tendência centralizadora. As preocupações com os benefícios em termos de produção agrícola, poupança de custos e emprego tendem a ser substituídas por objectivos políticos e de procura de rendimentos para apaziguar interesses poderosos no norte. Apesar das muitas exigências de centralização e de expansão da carteira de irrigação em grande escala, o Banco tem sido capaz de promover o desenvolvimento sustentado e consistente da irrigação de superfície e de poços tubulares em pequena escala, com a ajuda de excelentes conhecimentos técnicos e de gestão.

A lição positiva do papel discriminatório desempenhado pelo Banco na Nigéria é que um trabalho bem sucedido no subsector exige uma atenção cuidadosa às questões da escolha da tecnologia e dos modos de transferência de tecnologia. Isto implica uma boa compreensão dos recursos disponíveis e das opções estratégicas com que os governos se confrontam. Os projectos de grande escala na Nigéria centraram-se em consultores expatriados. Os países de acolhimento não dispunham dos conhecimentos especializados ou da vontade de conceber e gerir uma assistência técnica externa adequada relacionada com o modelo de irrigação dominante, apesar dos seus pontos fortes nos domínios macroeconómico e setorial. O pessoal do Banco associado à irrigação em pequena escala na Nigéria parece ter compreendido claramente a importância de uma estratégia cuidadosamente escolhida e coerente para o subsector, face às pressões políticas em contrário. Embora a estratégia do Banco se tenha revelado bem sucedida na Nigéria, a estratégia dominante de desenvolvimento de projectos de irrigação em grande escala tem sido e continua a ser central para a irrigação nigeriana. De facto, a burocracia de irrigação dominante sob as Autoridades de Desenvolvimento da Bacia Hidrográfica - o principal motor por detrás do programa de grande escala - foi capaz de se isolar das experiências de Desenvolvimento de Área e tratar a irrigação de pequena escala dos poços tubulares da FADAMA e do ADP como um fenómeno periférico. Para sublinhar ainda mais o poder desta burocracia, o governo reafirmou recentemente o seu empenho em manter as estruturas organizacionais já existentes, mesmo quando questiona a viabilidade dos projectos de grande escala. A experiência limitada da Nigerian Irrigation sugere que uma estratégia dupla pode continuar a funcionar de forma paralela durante um período de tempo considerável, desde que não exista uma ameaça percetível ao modelo principal. Foi necessária uma mudança de liderança política na Nigéria para finalmente rever a relevância da experiência com a irrigação em grande escala. É possível aos doadores levantar questões sobre a estratégia dominante, mas não é possível alterar a estratégia depois de o governo e outros doadores ratificarem os investimentos. No entanto, os doadores podem desempenhar um papel catalisador, iniciando o debate e a discussão a nível nacional sobre questões-chave do subsector, de modo a que muitas opiniões sejam expressas antes de serem assumidos compromissos significativos em termos de recursos. As escolhas tecnológicas associadas a diferentes escalas de irrigação poderiam certamente beneficiar do debate interno sobre opções e alternativas.

6.2 O sector privado no desenvolvimento da irrigação

Embora os actuais investimentos públicos em irrigação no sudoeste da Nigéria devam ser melhorados, deve ser dada maior ênfase à irrigação do sector privado. A irrigação em pequena escala é uma promessa de ganhos de produtividade consideráveis. Outras partes do país e do continente devem capitalizar este potencial, especialmente se quiserem satisfazer as necessidades das suas populações em crescimento. Embora os riscos envolvidos não sejam de forma alguma pequenos, o sector público pode ajudar a atenuar esses riscos - fornecendo crédito, energia subsidiada e o ambiente adequado ou o clima de investimento na agricultura. De facto, muitos governos já tornaram possível ao sector privado investir em tecnologias de irrigação rentáveis. No entanto, antes de se tomar qualquer outra medida, é vital que todos os interessados na possibilidade de expandir a irrigação na Nigéria estabeleçam alguns princípios gerais que ajudarão a garantir o sucesso de futuros projectos no país. Alguns desses princípios já surgiram e podem ser categorizados em doze (12) grandes rubricas.

1. Escolha da tecnologia

A tecnologia de irrigação ideal para os países em desenvolvimento é uma que seja rentável, mas também tecnicamente simples, de modo a que os sistemas possam ser facilmente construídos e mantidos ao nível da aldeia no Sudoeste da Nigéria, como no caso dos poços tubulares privados que surgiram em todo o Sudeste Asiático. O sucesso da irrigação por aspersão em explorações privadas sugere que também pode ser possível dar o salto para tecnologias mais avançadas na região. Além disso, há que ter em conta que a tecnologia de irrigação não funciona isoladamente, mas em conjunto com outros factores de produção, e que as infra-estruturas disponíveis e o nível de tecnologia agrícola do país determinam, em última análise, a escolha.

2. Dados hidrológicos

O investimento não deve prosseguir sem um conhecimento profundo da hidrologia, dos solos e da topografia locais. Embora isto possa parecer axiomático, nalguns casos os gestores viram-se sobrecarregados com custos excessivos e problemas ambientais por esta mesma razão.

3. Regulamento

As opiniões dividem-se quanto à necessidade de regulamentação - se for aplicada, a regulamentação funciona frequentemente contra os agricultores mais pobres; se não for, pode seguir-se o caos. Ninguém o nega, sobretudo quando o risco de esgotamento é elevado.

4. O governo como agente catalisador

Não se pode esperar que nenhum sistema de irrigação funcione se os agricultores não o adoptarem. Por conseguinte, o governo pode ter de dar o pontapé de saída, com vista a abandonar o seu papel catalisador e a encorajar o sector privado a assumir o controlo. O governo pode funcionar como uma entidade comercial, por exemplo, para que o sector privado não se veja em desvantagem competitiva ao tentar tomar as rédeas de projectos individuais. Qualquer que seja a estratégia utilizada, é essencial um compromisso claro do governo para com o desenvolvimento do sector privado. Ou seja, as políticas governamentais devem ajudar a definir esta estratégia.

5. Associações de utilizadores de água

A irrigação será difícil de organizar e gerir sem uma certa participação dos utilizadores. A estrutura institucional adequada pode vir a ser uma associação de agricultores, uma cooperativa ou outro tipo de sistema. Escusado será dizer que o ambiente social terá de ser examinado para determinar que tipo de estrutura melhor se adequará aos costumes e condições locais.

6. Condições para o êxito dos investimentos do sector privado na irrigação

Obviamente, muitos factores contribuem para o êxito dos investimentos do sector privado em irrigação - incluindo o acesso legal a um recurso inadequado, a aplicação rigorosa dos direitos legais, o desenvolvimento institucional do mercado de capitais nacional, as condições socioeconómicas que favorecem os investimentos cooperativos, a proteção jurídica dos investimentos privados, o acesso a custos relativamente baixos a mercados maiores e políticas que não alterem os termos de troca internos contra a agricultura. É importante definir antecipadamente quais destes factores terão uma influência direta na "rentabilidade" de um projeto, mas não se deve esquecer que a rentabilidade também se estende aos benefícios sociais através do investimento em actividades socialmente desejáveis. As organizações internacionais podem ajudar a proteger o sector dos riscos não comerciais. Será igualmente importante ajudar o sector privado a ter acesso às tão necessárias divisas estrangeiras e a obter crédito local para investimentos a médio prazo.

7. Sustentabilidade

Não esquecer que são necessários incentivos para garantir a sustentabilidade - por exemplo, através de políticas fiscais. Além disso, deve ser dada atenção ao impacto a longo prazo dos sistemas de irrigação, particularmente a bombagem de aquíferos, que pode ter resultados desastrosos se o recurso se esgotar. Embora o impacto de projectos individuais de desenvolvimento de poços tubulares tenha sido amplamente estudado, pouco trabalho foi feito sobre os efeitos totais do desenvolvimento de poços tubulares do sector privado em grande escala numa determinada área. Outra questão a considerar é o que aconteceria às áreas para além daquelas em que se verificasse o desenvolvimento do sector privado. O sector público também seria responsável pelo desenvolvimento nessas áreas?

8. Património

Uma crítica à irrigação do sector privado é que pode ter um efeito adverso na equidade a longo prazo, como se pode ver no desenvolvimento da irrigação na Ásia, onde o desenvolvimento tendeu a exacerbar as diferenças entre os ricos e os pobres. No entanto, o potencial de irrigação ainda não desenvolvido é tão vasto na Nigéria atualmente que a equidade não é uma preocupação importante neste momento.

9. Posse de terra

O impacto da posse da terra na irrigação varia de uma área de estudo para outra. Em alguns casos (Ogun, Osun e Oyo), não parece ter limitado o crescimento da irrigação, enquanto noutros (Lagos) a posse tem sido um problema sério. Por conseguinte, a questão da posse deve ser avaliada caso a caso nesta região.

10. Preços

Embora todos os sistemas de irrigação bem sucedidos na Ásia tenham tido alguma forma de apoio aos preços, os subsídios podem apenas encorajar uma irrigação ineficiente na Nigéria. Talvez o mais importante seja a estabilização dos preços, especialmente nas zonas semi-áridas, que precisam desesperadamente de ter rendimentos e colheitas estáveis.

11. A restrição de capital

Sem capital adequado, nenhum país será capaz de adotar as tecnologias de irrigação que prevê. O crédito foi o elemento vital que levou à adoção de poços tubulares na Ásia e à utilização de pequenas bombas na Nigéria. A questão importante a colocar aqui é que sistema de crédito seria mais eficaz, especialmente em países cuja estrutura financeira está apenas a evoluir.

12. Opções de organização

Podem ser consideradas várias formas de organização para implementar a irrigação no sector privado. Uma ideia inovadora é confiar em instituições intermediárias para este fim, tais como organizações voluntárias privadas, cooperativas, empresas de serviços públicos e organizações de desenvolvimento agrícola, que poderiam trabalhar entre agências governamentais e empresas privadas para promover a irrigação do sector privado. São também necessárias instituições especializadas para monitorizar a utilização dos recursos, tratar das questões ambientais e supervisionar os requisitos em matéria de infra-estruturas.

6.3 Áreas para investigação futura

Os benefícios da irrigação, especialmente a pequena escala, são bem compreendidos pelos agricultores, e o baixo custo do investimento inicial em relação aos retornos ajudou a encorajá-los a adotar a prática. Consideraram a exploração dos aquíferos pouco profundos particularmente atractiva, uma vez que podem fazer o investimento sem depender do governo ou sem o envolver. São responsáveis pela exploração do sistema e pela programação da sua utilização em função das suas necessidades e de outras actividades. É necessária uma infraestrutura mínima para desenvolver o sistema de irrigação e os custos são facilmente justificados e geralmente dentro da capacidade financeira dos agricultores. O sistema de irrigação em pequena escala é simples e pode ser facilmente gerido mesmo pelos agricultores menos qualificados. A portabilidade do equipamento de bombagem proporciona a segurança necessária para salvaguardar contra perdas ou danos, que muitas vezes ocorrem quando esse equipamento é deixado sem vigilância no campo. Os motores monocilíndricos a gasolina são de uso comum nas áreas de estudo e os mecânicos locais estão habilitados para a sua reparação e manutenção. As caraterísticas operacionais da bomba centrífuga são facilmente ensinadas aos agricultores e mecânicos, e podem ser utilizadas e mantidas sem grandes problemas. Embora tenham sido feitos grandes progressos na introdução desta tecnologia simples de poços tubulares para irrigação em pequena escala na Nigéria, a taxa de desenvolvimento está ainda muito aquém do seu potencial. A taxa de expansão pode ser ultrapassada. Devem também ser envidados esforços para aumentar a eficiência das instalações de irrigação, maximizar o retorno do investimento e assegurar que os sistemas são sustentáveis e que os recursos hídricos são geridos de forma segura. Os seguintes pontos, em particular, merecem uma atenção especial.

Verifica-se um desperdício substancial de produtos perecíveis produzidos para o mercado local devido a um manuseamento e transporte inadequados, bem como a atrasos na entrega dos produtos ao cliente. Devem ser introduzidas melhores técnicas de proteção, colheita, acondicionamento e transporte destas culturas para os mercados. Os produtores devem também explorar mercados alternativos, como as unidades de transformação e os mercados de exportação, nomeadamente nos Estados vizinhos e na Europa. Estas culturas podem ser incluídas em rotações adequadas com outras culturas de curto prazo, porque o potencial das culturas de cereais de regadio aos preços actuais e a procura atual parecem altamente favoráveis. Os agricultores ainda nem sequer começaram a aperceber-se do potencial das suas instalações de irrigação. A maioria está satisfeita com aumentos de rendimento de 25 a 40% nos meses húmidos e uma segunda colheita nos meses secos, o que, reconhecidamente, lhes traz um rendimento consideravelmente maior. No entanto, o nível de gestão agronómica é ainda baixo, e os benefícios dos investimentos em irrigação poderiam ser substancialmente aumentados. Por conseguinte, devem ser adoptadas disposições institucionais para maximizar os benefícios e transferi-los para os agricultores. Por exemplo, as variedades poderiam ser melhoradas, a utilização de fertilizantes poderia ser aumentada para níveis equilibrados óptimos e a proteção das culturas poderia ser melhorada. Devem também ser procuradas técnicas mais eficazes para utilizar a água disponível. Os aquíferos não devem ser bombeados em excesso, particularmente nas pequenas áreas de estudo, por exemplo, Fadama. O governo deve ser responsável por controlar a extração de água e por supervisionar a preservação dos aquíferos. No entanto, não deve impor regulamentos tão complicados que os agricultores se sintam desencorajados a investir na irrigação e sejam tentados a provocar um curto-circuito ou a minar o sistema e a derrotar o objetivo básico - que é conservar o recurso. Os agricultores devem ser encorajados a praticar uma agricultura de conservação e de reabilitação. Isto envolve todos os passos que negam os processos de degeneração nas explorações de cacau, por exemplo, através da substituição consequente de árvores dormentes, do controlo da população de árvores para uma cobertura eficaz do solo, de uma copa devidamente gerida, de sistemas de gestão integrada que utilizam cultivares resistentes e de práticas de aplicação que enfatizam o momento adequado e a utilização eficaz de fertilizantes a taxas de aplicação mais baixas. Isto ajudaria não só a melhorar o rendimento, mas também teria vantagens em termos de rentabilidade, qualidade do produto e proteção do ambiente. Dada a situação no mercado internacional e as limitações naturais dos produtores de cacau na Nigéria, foi sugerido o desenvolvimento de um nicho de mercado para a qualidade.

As utilizações alternativas (ou seja, domésticas, recreativas e comerciais) da água de rega devem ser regulamentadas e incluídas no plano diretor de rega para uma gestão holística e eficaz dos recursos hídricos. Estas utilizações múltiplas da água de rega têm impactos positivos e negativos. A principal vantagem (ou seja, o mérito mais óbvio) de qualquer projeto ou sistema de irrigação é o aumento da acessibilidade da água para fins agrícolas e não agrícolas. No entanto, as actividades humanas e industriais, bem como a contaminação por produtos agro-químicos, como fertilizantes e pesticidas, tornam a água de irrigação sem tratamento prejudicial quando utilizada principalmente para fins domésticos. Há uma procura crescente de água de irrigação para usos não agrícolas, sem que haja um plano prático de reabastecimento e refinamento (ou seja, tratamento) antes da utilização. Há também a necessidade de desenvolver estratégias de gestão da procura para usos não agrícolas sem distribuir o equilíbrio do sistema de irrigação. Para isso, nunca é demais sublinhar a necessidade de os utilizadores não agrícolas dos sistemas de irrigação serem reconhecidos nas políticas de recursos hídricos. São necessárias análises adequadas dos impactos positivos e negativos dos usos não agrícolas da água de rega, uma vez que têm consequências diretas tanto para os ecossistemas aquáticos como para a redução da pobreza, a saúde humana e o ambiente.

Antes da desvalorização da moeda local, os agricultores não tinham dificuldade em encontrar os fundos das suas poupanças para fazer face ao custo dos poços e do equipamento de bombagem. Com a recente desvalorização múltipla, o custo das bombas e dos motores importados aumentou substancialmente - de cerca de 500 a 20.000 nairas cada um para as bombas e de cerca de 1.000 a 30.000 nairas para os poços. Consequentemente, poucos agricultores podem agora efetuar o pagamento total na altura da instalação. Os bancos comerciais provavelmente evitariam tais empréstimos e tenderiam a favorecer operações mais seguras e compensadoras no sector comercial, porque os empréstimos individuais e o nível de serviço da dívida seriam pequenos. Um mecanismo de crédito alternativo poderia ser a contração de empréstimos em grupo ou em cooperativa junto dos bancos comerciais, recorrendo a organizações de crédito cooperativo rural onde estas já existam. Os AD poderiam desempenhar um papel útil na promoção da organização de tais empréstimos em grupo e de acordos de reembolso. Para evitar sobrecarregar ainda mais os limitados recursos nigerianos em divisas, deveria ser feito um esforço para fabricar localmente grande parte do equipamento simples, como as bombas centrífugas de baixa altura autoaspirantes para irrigação em pequena escala. A necessidade a longo prazo de tais bombas poderia muito bem justificar a instalação do equipamento necessário para as fabricar. As perspectivas de tal fabrico devem ser exploradas.

Embora a Nigéria não deva ignorar o investimento substancial que já fez em projectos de irrigação em grande escala, muitos dos quais ainda não foram concluídos, deve dar mais ênfase à irrigação em pequena escala. O nível de investimento é relativamente baixo e os custos podem ser suportados diretamente pelos agricultores. No entanto, terão de ser introduzidos alguns mecanismos de crédito a curto e médio prazo antes de os pequenos agricultores poderem efetuar tais investimentos. A tecnologia é simples e pode ser manuseada pelos agricultores e artesãos nigerianos, quer sejam eles a operar ou a reparar e manter o equipamento e as instalações. Estes factores, na presença do bom clima económico da Nigéria para os produtos agrícolas, constituem uma previsão otimista para a sustentabilidade da agricultura de regadio nesta parte da África Subsariana.

Referências

Acharee Sattarasart. Sistemas Agrícolas e Economia dos Recursos nos Trópicos, Volume 33

Ahmad, N. e Chaudhry, G.R. 1998. Irrigated Agriculture in Pakistan, 61 B / 2 Guldberg III, Lahore - 11, Paquistão

Ajayi e Oyedije 1974, Economics of Cocoa Production and Marketing in Nigeria (Economia da produção e comercialização de cacau na Nigéria)

Ambroggi, R. 1996. Seule l eau est eternelle... apres Dieu. Rabat, Marrocos (Coleção ONEP Civilisation de l eau).

Amusan O.A et al. Quality Management Practices in Cocoa Production in Southwestern Nigeria, Publicado e Apresentado no Tropentag 2005, Universidade de Hohenheim, Alemanha

Amusan O.A et al. 2006. Relationship between Soil Properties, Management Factors and the Yield of Cocoa in South-western Nigeria, Simpósio das Nações Unidas, Universidade Técnica, Braunschweig, Alemanha

Ault, S.K. 1981. Expandindo os usos não agrícolas da irrigação para os desfavorecidos: Health Aspects, The Agricultural Development Council Inc., New York, USA. ADC 86 p

Ayers, R.S e Westcot D.W. Irrigation and Drainage Paper 29, FAO, Roma

Benazzou, C. 1994. A água, um desafio permanente. Rabat, Marrocos, Publicação Panorama

Bergmann, H. e Boussard, J. Guide to the Economic Evaluation of Irrigation Projects. Organização para a Cooperação e Desenvolvimento Económico, Paris

Bernstein, L et.al. 1974. Efeitos interactivos da salinidade e da fertilidade nos rendimentos de cereais e legumes, Ag. J. 67 (2): 185 - 191.

Bernstein, L. 1974. Crop Growth and Salinity, Capítulo 3 em: var Schifgaarde, Jan Ed.) Drainage for Agriculture. Agronomia 17 Amer. Soc. Agron. Madison, Wisconsin.

Boelee, E. e Laamrani, H. 2003. Utilização múltipla da água de irrigação no Norte de

Marrocos

Bottrall, A.F. 1979. Avaliação da Organização e Gestão: A Proposed Methodology of Use on Large irrigation Projects. ODI, AAU Occasional Paper No. 3, Londres, pp.44-61.

Bottrall, A.F. 1981. Comparative Study of the Management and Organisation of Irrigation Projects, (Staff Working Paper No. 458, Banco Mundial). Washington, D.C.

Carruthers, I. 1988. Irrigação sob ameaça: A warning Brief for Irrigation Enthusiasts. IWMI Review, Vol. 2, No. 1.

Carruthers, I. 1978. Contentious Issues in Planning Irrigation Schemes (Questões controversas no planeamento de sistemas de irrigação). In: Water Supply and Management. Vol. 2, No. 4, pp. 301 - 308.

Chambers, R. 1977. Men and Water: The Organization and Operation of Irrigation. In: Farmer, B.H. (Ed), 1977, pp. 340 - 360.

Chambers, R. 1981. In Search of a Water Revolution: Questions for Canal Irrigation Management in the 1980's. Water Supply and Management in the 1980s, Water Supply and Management, Vol. 5, pp. 5-18.

Dougherty, T.C e Hall, A.W. 1995. Environmental Impact Assessment of Irrigation and Drainage projects; Irrigation and Drainage Paper No. 53, FAO, Roma

Dusseldorp, D.B.W.M., Van, 1981. Participation in Planned Development, OIT, Genebra

Francesca, P. e Michaela, T. Avaliação do impacto ambiental de projectos de irrigação

Hopkin, J. Análise custo-benefício. 1984. Issues and Methodologies. Uma publicação do Banco Mundial

Huppert, W e Walker, H.H. 1988. Management von Bewaesserungssystemen: Ein Orientierungsrahmen. (Handbuchreihe Laendliche Entwicklung, Hrsg. BMZ, GTZ e DSE), Eschborn

Huppert, W. 1986; Management von Bewaesserungssystemen in Entwicklunglaendern: Ein Rahmenkonzept fuer die Technische Zussammenarbeit,

Eschborn (Mimeo).

Jean-Marc Faures et.al. Previsão da área irrigada da FAO para 2030. FAO 00100 Roma

Jensen, P.K., Van der Hoek, W et al (1998). Utilização doméstica da água de irrigação no Punjab

Kortenhorst, L.F.Factores que afectam a Viabilidade da Irrigação dos Pequenos Agricultores. ILRI Reprint No. 20.

Kortenhorst, L.F et.al. 1987. Some aspects of Irrigation Development in SubSaharan Africa (Alguns aspectos do desenvolvimento da irrigação na África Subsaariana). ILRI

Kotey, R.A et.al. Economics of Cocoa Production and Marketing. Publicação ISSER

Mass, E.V e Hoffman, G.J. Crop Salt Tolerance - Current Assessments. Publicação do Laboratório de Salinidade dos EUA (no prelo)

Meinzen - Dick, R. e Bakker, M 1997. Irrigation Systems as Multiple - Use Commons: Experience from Kinrindi Oya, Sri Lanka.

Meister, A. 1984. Participation, Associations, Development and Change (Participação, Associações, Desenvolvimento e Mudança). Transaction Books, New Brunswick

Moudden, F. 1993. "La situation de l" eau potable en milieu rural. In L enfant et l eau. Hygiene et Sante. Actes du Colloqui National organiste par l association Marrocaine de soutien a l UNICEF, Morocco, Rabat 11 - 13 Mai 1993.

Oakley, P. e Marsden, D. 1984. Approaches to Participation in Rural Development. OIT

Pearce, A. e Stiefel, M. 1979. Inquiry into participation, UNRISD, Genebra

Pratt, P.F et.al 1967. Efeito de três fertilizantes azotados nos grãos, perdas e distribuição de vários elementos em lisímetros irrigados. Hilgardia 38: 265 - 283

Rahman, Md. A. 1981. Reflections in Developments: Seeds of Change. SID, Roma

Rehm, S. e Epsig, G. 1991. The Cultivated Plants of the (Sub) Tropics (As Plantas Cultivadas dos (Sub) Trópicos). Josef M Verlag.

Seckler, D., Amarasinghe, U., et al. World Water Demand and Supply, 1990 to 2025: Scenarios and Issues. Relatório de Investigação 19. Instituto Internacional de Gestão da Água. Colombo, Sri Lanka.

Shalhevet, J. 1973. Irrigação com água salina. Capítulo VI.1 em: Yaron, B. Danfors, E. e Vaadia, Y. (eds.), Arid Zone Irrigation.

Springer Verlag, Berlim, 433 pp

Shawki, B. e Guy, L.M. 1990. Irrigation in Sub-Saharan Africa - The Development of Public and Private Systems (Irrigação na África Subsariana - O Desenvolvimento de Sistemas Públicos e Privados). Documento Técnico do Banco Mundial Número 123. Washington D.C. EUA.

Svendsen, M. 1988. The Changing Concept of Management in Irrigation. IWMI Review, Vol.2 No. 2.

Thornton, D.S 1975. Some Aspects of the Organisation of Irrigated Areas. Agricultural Administration, Vol. 2, pp. 179-194.

Thornton, D.S 1976. A Organização das Áreas Irrigadas. In: Hunter, G., Bunting, A.H., Bottrall, A. (eds.), 1976, pp. 147 - 157.

Thornton, D.S 1984. Organizar a utilização da água de irrigação. Agriculture Administration, Vol. 17, pp. 169 - 175.

PNUA 1996. World resources 1996 - 97. The Urban Environment. Programa das Nações Unidas para o Ambiente. Nova Iorque. EUA.

Uphoff, N. 1985. Adaptação dos projectos às pessoas: Em M.M. Cernea (Ed.). Putting People first: Sociological Variables in Rural Development. Oxford University Press, Nova Iorque.

Van der Hoek W., Konradsen F. et al. 2001. Água de rega como fonte de água potável: é possível uma utilização segura?

Vauk Kiel, K.G. 1999. Socio-Economic Implications of Water Resource Management in Northern Thailand (Implicações socioeconómicas da gestão dos recursos hídricos no norte da Tailândia).

Verlag Paul Parey. Hamburgo-Berlim. Homem e tecnologia na agricultura de regadio. Simpósio de Irrigação 1982. Associação Alemã de Recursos Hídricos e Melhoramento da Terra. (Associação Alemã de Ciência e Cultura DVWK Boletim 8)

Verlag Paul Parey. Hamburgo-Berlim. Gestão específica da situação na irrigação. Simpósio Internacional de 1989. Associação Alemã para a Água

Recursos e melhoramento dos solos. (Deutscher Verband fur Wissenschaft & Kulturbau DVWK Boletim 16)

Walker, H.H. 1981. Die Organisation von Bewaesserungssystemen. Diss. Universidade de Hohenheim.

Walker, H.H. 1984. Die Angst des Teng Ali Bobo Sanchez oder sind Bewaesserungs-projekte in Entwicklungslaendern zu gross? Entwicklung und Laendicher Raum, Jg. 18, H.2, pp. 3 -7

Waltraud, R. W. Farming Systems and Watershed in the Semi-Arid Tropics of Southern India (Sistemas Agrícolas e Bacias Hidrográficas nos Trópicos Semi-Áridos do Sul da Índia). Farming Systems and Resource Economics in the Tropics. Vol. 6.

Weber, M. 1972. Wirtschaft e Gessellschaft. 5. Aufl. Tubingen

Apêndice

Questionário de estudo

QUESTIONÁRIO / AGRICULTORES DE REGADIO / AGRICULTORES DE SEQUEIRO/

Introdução:

Nome e idade: ____

____

Endereço:

____

____

Nome do agregado familiar:

____

____

Dimensão do agregado familiar (quantas pessoas?):

____

____

Sexo do agregado familiar (quantos homens e mulheres):

____

____

Tarefas do agregado familiar (Os membros estão envolvidos na agricultura? Se não, especificar outras tarefas em que estão envolvidos?)

____

____

____

Nível de instrução dos membros do agregado familiar:

(i) Head / Father:____

____

(ii) Mother/Wife: ____

____

(iii) Crianças: ____

____

(iv) Familiares a cargo: ____

____

Nível de rendimento do agregado familiar (dar uma estimativa e especificar se algum membro do agregado familiar está envolvido em qualquer outra atividade para além da agricultura): ____

____

Agricultor de regadio ou agricultor de sequeiro (especificar): ____

Nome do sistema de irrigação: ____

____

Localização da área de estudo da Comunidade /: ____

____

Capacidade do projeto/esquema de irrigação (quantos o utilizam): ____

____

Tempo de rega:

Desde quando está no Projeto de Irrigação? ____

Desde quando é que utiliza a água de rega?

____

Quantas horas de irrigação tem por dia?

____

A duração da irrigação é adequada para os vossos sistemas agrícolas? Se não, porquê?

____

____

____

Qual é a distância entre a sua exploração e a fonte de água de rega?

____

Gestão de projectos de irrigação:

Existe algum organismo de gestão dos projectos de irrigação /? Em caso afirmativo, indicar o nome:

____

____

O órgão de gestão é eficaz?

____

____

Em caso afirmativo, indique algumas razões:

____

____

Em caso negativo, indicar os motivos:

____

____

Acesso ao mercado:

Quantos mercados estão disponíveis / localizados perto da(s) sua(s) exploração(ões)?

____

Qual é a distância entre a(s) exploração(ões) agrícola(s) e o(s) mercado(s)?

____

____

Qual é a dimensão deste(s) mercado(s)?

____

____

A que categoria pertencem o(s) mercado(s)?

____

____

Disponibilidade de instalações de armazenamento:

Dispõe ou aprecia instalações de armazenamento? Se sim ou não, porquê?

____

____

Especificar o seguinte;

(i) Tipo(s):

____

____

(ii) Tamanho(s):

____

____

(iii) Capacidade:

____

____

(iv) Custo de aquisição e manutenção:

____

____

____

Análise da participação dos agricultores:

Está a participar nos projectos de irrigação *que eu* esquematizo? Sim / Não:

Está a utilizar a água de irrigação? Sim / Não:

Indicar as razões para participar em projectos/esquemas de irrigação:

Indicar as razões para não participar em projectos/esquemas de irrigação:

Análise de rentabilidade (C-B):

(1) Custo dos factores de produção:

(A) Terrenos:

Especificar o seguinte;

(i) Custo do terreno:

(ii) (ii) Dimensão do terreno:

(iii) História da terra (como foi adquirida e o que foi feito nela):

(iv) Tipos de solo:

(v) Razão(ões) da escolha do solo para a agricultura:

(vi) Opinião pessoal sobre o solo agrícola (é fértil/não fértil, bom/mau para irrigação?):

(vii) Problemas peculiares associados ao solo agrícola (por exemplo, inundações, erosão, salinidade, poluição devido à utilização excessiva/elevada concentração de fertilizantes/pesticidas, degradação, etc.):

(viii) Comentários sobre os problemas identificados (por exemplo, para a poluição e a salinidade, indicar o valor estimado / nível de concentração):

(ix) Meios de propriedade da terra (próprio/herdado/arrendado/arrendado):

(x) Duração da propriedade:

(xi) Observações sobre a propriedade e os tipos de terras:

(B) Fertilizante:

Especificar o seguinte;

(i) Custo do adubo:

(ii) Quantidade utilizada por hectare de terreno agrícola: ____________________

(iii) Tipos de fertilizantes utilizados: ____________________

____

(iv) Reason(s) for using a particular/chosen fertilizer(s): ____________________

____

____

(v) Produção agrícola antes da utilização de fertilizantes: ____________________

(vi) Produção agrícola após a utilização de fertilizantes: ____________________

(vii) Vantagens da utilização de fertilizantes: ____________________

____

____

____

(viii) Desvantagem(s) da utilização de fertilizantes: ____________________

____

____

C) Produtos químicos:

Especificar o seguinte;

(i) Custo dos produtos químicos: ____________________

____

(ii) Quantidade utilizada por hectare/parcela de terreno agrícola: ____________________

(iii) Tipos de produtos químicos utilizados: ____

(iv) Razão(ões) para utilizar um produto químico específico/escolhido: ____

(v) Produção agrícola antes de utilizar produtos químicos: ____

(vi) Produção agrícola após a utilização de produtos químicos: ____

(vii) Vantagens da utilização de produtos químicos: ____

(viii) Desvantagem(s) da utilização de produtos químicos: ____

(D) Água:

Especificar o seguinte;

(i) Quantidade de água utilizada para regar por hectare / parcela de terreno agrícola: ____

(ii) Custo de irrigação por hectare / parcela de terreno agrícola: ____

(iii) Fonte(s) de água utilizada para irrigação: ____

(iv) Distância entre a exploração agrícola e a(s) fonte(s) de água:

(v) Duração / Tempo de irrigação por hectare / de terreno agrícola:

(vi) Produção agrícola antes da irrigação:

(vii) Produção agrícola após irrigação:

(viii) Vantagem(ns) associada(s) à irrigação:

(ix) Desvantagem(s) associada(s) à irrigação:

(x) Opinião pessoal sobre a água de irrigação (É boa/ruim para irrigação?):

(xi) Problemas peculiares associados ao solo agrícola (por exemplo, inundações, salinidade, poluição devido à utilização excessiva de fertilizantes, pesticidas, etc.):

(xii) Comentários sobre os problemas identificados (por exemplo, para a poluição e a salinidade, indicar o valor estimado I nível de concentração):

(E) Infra-estruturas:

Especificar o seguinte;

(i) Tipos de infra-estruturas disponíveis nas terras agrícolas e esquemas de irrigação: ____

(ii) Dimensão(ões) das infra-estruturas acima referidas: ____

(iii) Custo de aquisição e manutenção (estimativa): ____

(iv) Tipo(s) de instalações de armazenamento: ____

(v) Dimensão / Capacidade das instalações de armazenagem: ____

(vi) Vantagem(ns) das instalações de armazenagem: ____

(vii) Desvantagem(ns) das instalações de armazenagem: ____

(F) Crédito:

Especificar o seguinte;

(i) Type(s) of Credit System available if any ____

(ii) Interest Rate charged on Credit: ____

____

(iii) Prazo de pagamento: ____

____

(2) Custo de produção:

Especificar o seguinte;

(i) Rendimento estimado numa base mensal, sazonal ou anual: ____

____

____

(ii) Produção em quantidade por hectare / de terreno agrícola durante, pelo menos, cinco (5) anos consecutivos entre 1994 e 2004: ____

____

____

Análise de usos alternativos:

Especificar o seguinte;

Várias utilizações alternativas da água de irrigação aplicáveis ao seu agregado familiar (ou seja, não agrícolas, por exemplo, beber, cozinhar, lavar utensílios, nadar, andar de barco, lavar roupa, tomar banho, cerâmica, limpeza doméstica, fabrico de tijolos, talho, lavagem de veículos, tecelagem de tapetes, fabrico de sabão local, pesca, ctc.): ____

____

____

____

____

Razões para empregar cada uma das utilizações alternativas acima referidas: ____

____

Período(s) específico(s) em que utiliza a água de irrigação para utilizações não agrícolas / alternativas:

Vantagens identificadas / benefícios económicos da utilização da água de irrigação para satisfazer utilizações alternativas não agrícolas I:

Se utiliza a água de rega para fins comerciais não agrícolas geradores de rendimento /, indique a estimativa do rendimento gerado e a dimensão da sua empresa (por exemplo, categoria, número de empregados, escala salarial, etc.):

Desvantagens identificadas da utilização da água de irrigação para satisfazer utilizações alternativas não agrícolas / (Existem doenças prevalecentes no seu agregado familiar devido a estas utilizações?)

Manutenção do sistema de irrigação:

i) Enumere o(s) tipo(s) de sistema(s) de irrigação utilizado(s) na sua exploração:

___

___

___

(ii) Indicar a capacidade, a taxa e o custo de funcionamento:

___

___

___

(iii) Indicar a(s) razão(ões) para a utilização do sistema de irrigação acima referido:

___

___

(iv) Que medidas está a tomar para garantir uma manutenção eficaz do seu sistema de rega?

___

___

(v) Quais são os problemas identificados? Já alterou o seu sistema anteriormente? Porquê?

___

___

Currículo: Opeyemi Anthony AMUSAN [COREN R15698]

A. OBJECTIVO DE CARREIRA

Uma carreira desafiante e gratificante numa organização bem estruturada que privilegie a excelência, a concretização contínua de objectivos e o auto-desenvolvimento individual. Desejo trabalhar para um estabelecimento que possa explorar as potencialidades inatas dos indivíduos para benefício duplo da organização e do empregado. **[http://ng.linkedin.com/pub/opeyemi- amusan/11/274/b04;** http://www.afrika-kommt.de/success stories]

B. DADOS PESSOAIS

Nome: AMUSAN, Opeyemi Anthony **D.O.B:** 5 de julho de **1974Estado** Civil: Casado (com filhos) **Nacionalidade:**

Sexo nigeriano: Masculino

Telefone: +234 8139796743 / 8029533563; 08088121985

Estado de origem: Ogun (Ijebu East LGA) **E-mail:** amusanopeyemi@yahoo.com; amusanope@gmail.com

Endereço de contacto: Amiesol ARK, 11, Olooro Street, Orogun, em frente ao NISER, paragem de autocarro de Oju-odo, Orogun; P.O. Box 23039 University of Ibadan Post-Office, Agbowo, Ibadan; 94 Awolowo Road, Ikoyi, Lagos, Nigéria

C. HABILITAÇÕES LITERÁRIAS

PERÍODO **QUALIFICAÇÃO DA INSTITUIÇÃO**

2009-2016: Universidade Federal de Tecnologia de Akure **Doutoramento em** Engenharia Agrícola

2015 / 2016: PMI-Longhall Consulting Institute, **PMP** Profissional de Gestão de Projectos

2011-2012: GIZ - Afrika Kommt Programa de Gestão para Futuros Líderes Africanos na Alemanha, Certificação em Gestão e Liderança **(EMBA)**

2011-2012 Instituto Goethe, Alemanha **Certificados B1 e B2** (Zertifikat Deutsche)

2009: Universidade de Kassel, Alemanha, Certificado em Gestão de Investigação

2008/2009: MikroTik & Apeto Networks, Certificação em TIC/Gestão de Redes

2005/2006: ITT-Colónia e ZFL-Bona, Certificado em GIS / Deteção Remota

2005-2007: Universidade de Bona, **MSc.** Agric. Ciências Agrícolas e Gestão de Recursos

2003-2005: IIT-Colónia, Alemanha, **MSc.** Tecnologia e Gestão de Recursos

2001-2002: Colégio Bíblico Cristão Redimido, **Diploma P.G**. (Teologia)

1996-2001: Universidade de Ibadan, Nigéria. **Licenciatura** em Engenharia Mecânica

2002: Interlingual, certificado de língua alemã da Nigéria (Deutsche Sprache Zertifikat)

2001-2002: Instituto Goethe, Nigéria Língua alemã (Grundstufe -G2 & G3)

1999-2000: Escola de Formação Shell &Universidade de Ibadan, Diploma (Computador/ICT)

1994-1996: Politécnico Federal de Ilaro, **N. Diploma** (Engenharia Mecânica)

1987-1993: CMS Grammar School, MOHS, Nigéria, Certificado do Ensino Secundário

1980-1986: Escola Primária IMG, Nigéria. Primeiro certificado de conclusão do ensino secundário

D. COMPETÊNCIAS E ATRIBUTOS

Investigador, Honesto, Responsável, Bom Criador de Equipas, Motivador, Bom Planeador/Gestor/Formador, Cumpridor de Objectivos, Conhecedor de Computadores, Instrumentista Musical, GIS/RS, Analítico, Vocal, Criativo e despretensioso, Música, Ténis

E. QUALIFICAÇÃO PROFISSIONAL

FCSP, FSHCM, FIMCB; MASME & MSPE (EUA); MIAHS & AMIMECHE (Reino Unido); MNSE, COREN-Reg. Engineer, MITAD,MIS; AMCITFM, MNIMECHE; MNgNOG; (Nigéria); MARTS, MDWA, Certified Business Leader (Alemanha); Chartered Management Consultant; Chartered Supply Chain / Project Management, Certified Business Consultant (Canadá & EUA iv)

F. PRÉMIOS

Melhor aluno graduado do IMG Pry & CMS Grammar Schools('86&92), Estudante mais destacado - académico, liderança e comportamento ('92), Serviço meritório (AMES, FPI, '95), Melhor aluno de formação industrial do Departamento de Engenharia Mecânica, UI (1998-2000), Prémios do Governo local e estatal, Melhor Projeto de Desenvolvimento Comunitário. (2002), Presidente, Asian Journals on Biodiversity (Filipinas/Ásia - 2011); Bolseiro GIZ-BMZ-Afrika Kommt/Future African Leader; Bolseiro DAAD, Alexandra von Humboldt Invitee for Climate Change Conference (Alemanha - 2011/12), etc.

G. EXPERIÊNCIA PROFISSIONAL ANTERIOR

2015- TD: Amiesol Resources Konsult (ARK). **Consultor gerente / Diretor Geral**

2011-2014: Robert Bosch (PA) GmbH. **Gestor nacional - África Ocidental / Consultor regional de investigação**

2008-2015: Universidade Federal de Tecnologia de Akure, Nigéria. **Investigador / Bolseiro de Investigação**

2010-2011: Serviços Internacionais de Energia na Nigéria e Gana. **Gestor de Planeamento Corporativo / Diretor de Formação**

2003- 2007: ITT, IWLI, IH (Alemanha) **Bolseiro de investigação e investigador de pós-graduação**

2008- 2011: Instituto de Formação da IP Comunicações. **Consultor de Desenvolvimento do Capital Humano**

2009- 2010: General Data Engr. Services Plc. **A Diretor Geral e Diretor de Programas**

2008-2009: General Data Engr. Services Plc. **Diretor Geral Adjunto (IP, Formação e Serviços a Clientes)**

2005- 2007: General Electric, Nigéria e Itália. **Diretor do Centro de Serviços da Nigéria / Diretor de Qualidade (Serviços Globais)**

2001-2005: SMC, Lagos, Nigéria **Planeamento de Projectos / Bus. Desenvolvimento de projectos. Engenheiro de Vendas**

1999-2000: PPMC-NNPC & SPDC-PH, **Engenheiro T. de Projeto / Manutenção**

1998/1999: IITA Ibadan, Nigéria **Equipamento pesado / Fabrico. Engenheiro T.**

1997/1998: Engenharia UCH. Departamento, Nigéria **Técnico de Engenharia Eléctrica / Mecânica**

1995-1996: Boto Industries Ltd. **Técnico de Engenharia Auto-Mecânica** na Nigéria

H. PUBLICAÇÃO / CONTRIBUIÇÃO PARA A INVESTIGAÇÃO:

1. Amusan, O.A, Amusan F.O, Braimoh, A.K., e Oguntunde P.G (2005). Práticas de Gestão da Qualidade na Produção de Cacau no Sudoeste da Nigéria. Deutscher Tropentag - outubro, 2005, Stuttgart, Alemanha (Online - ID 29).

2. Amusan, O.A., e Amusan F.O (2006). Impacto da qualidade do solo no rendimento do cacau na Nigéria. Geo - Environment Series 2: 470 - (Rodes, Grécia, junho de 2006)

3. Amusan, O.A., Dijjii C., Sofalabi O., e Bamiro O.A. (2006). Technical Review of Intermediate Transport Systems in Developing Countries - The Case of Ibadan, Urban Transport Series 2 (Praga, República Checa, julho de 2006).

4. Amusan, O.A. Accessing the Untapped Potential Benefits of Solar Energy (2005). Dialog International (Colónia, Alemanha, abril de 2005).

5. Amusan, O.A, et. al., Sistemas de monitoramento baseados em SIG para reservas florestais na Mata Atlântica, América do Sul (2004/2005). Pesquisa patrocinada pelo governo alemão na América do Sul. (Apresentado no Instituto de Tecnologia Tropical,

Colónia, Alemanha)

6. Amusan, O.A (2005). Impactos dos Produtos Químicos (Hidrocarbonetos) na Degradação do Solo na Nigéria. Instituto de Ciência do Solo, Universidade de Bona, Alemanha

7. Amusan, O.A., et. al. (1999/2000). Projeto de uma prensa de parafuso manual de 10 KN. Departamento de Engenharia Mecânica, Universidade de Ibadan, Ibadan, Nigéria

8. Amusan, O.A., et. al. (1995). Projeto e construção de uma máquina de corte e calibragem de sabão. Departamento de Engenharia Mecânica, Federal Polytechnic Ilaro, Ilaro, Nigéria

9. Amusan, O.A (1999). Máquinas de moagem nas indústrias transformadoras. Departamento de Engenharia Mecânica, Universidade de Ibadan, Ibadan, Nigéria

10. Amusan, O.A (2000). Production Facilities & Equipment Maintenance (Manutenção de Instalações e Equipamentos de Produção). Shell Petroleum Development Company (SPDC), Port Harcourt, Nigéria.

11. Amusan, O.A (2000). Manutenção no depósito da Pipeline & Products Marketing Company. Corporação Nacional do Petróleo da Nigéria (NNPC), Ibadan, Nigéria.

12. Amusan, O.A (2002). Standing in the Gap for the Nations. RCBC, Nigéria

13. Amusan, O.A (1996). O Governo Militar na Nigéria e a Questão Nacional. FPI

14. Amusan, O.A (2001). Technical & Economic Review of Intermediate Transport Systems in Ibadan Metropolis. Departamento de Engenharia Mecânica, Universidade de Ibadan. UR).

15. Amusan, O.A (2006). Relação entre Propriedades do Solo, Factores de Gestão e Rendimento do Cacau no Sudoeste da Nigéria. Simpósio das Nações Unidas, Universidade Técnica de Braunschweig, Alemanha).

16. Amusan, O.A (2006). Análise económica dos sistemas de transporte intermédios nos países em desenvolvimento: The Case of Ibadan, Nigeria. (ITE, Estados Unidos da América - UR)

17. Amusan, O.A., Oguntunde P.G., Amusan Olusola (2007). New Relationship between Crop yield and Soil in Nigeria (Deutscher Tropentag, outubro de 2007, Bona, Alemanha.

18. Folayan, S.F., Amusan, O.A, Ajuyah, S, Folayan I., (2008) From Stationary to Inclined - Orbit Satellite Access, ICT Forum, UNILAG, Nigéria,

19. Amusan, O.A., (2009) Managing Staff Turnover and Retention, Management Staff Forum, Ibadan, Nigéria

20. Amusan, O.A., (2009) Making Performance Appraisal a Win - Win Experience, Technical Staff Forum, Ibadan, Nigéria

21. Amusan, O.A., Amusan Olusola, Oguntunde P.G. (2009) Quality Deterioration and the Role of Rehabilitation of Cocoa Production Chain in Nigeria (Deterioração da qualidade e o papel da reabilitação da cadeia de produção de cacau na Nigéria). Hamburgo, Alemanha.

22. Amusan, O.A., (2010). Avaliação da Qualidade da Água do Rio Osun e o seu Impacto na Agricultura e no Ambiente, Goerg August University of Goettingen, Alemanha.

23. Amusan, O.A (2010). Relação entre Propriedades do Solo, Factores Climáticos e Rendimento do Cacau no Sudoeste da Nigéria. Centro de Agricultura Tropical e Subtropical, Alemanha.

24. Amusan, O.A., (2010) Tópicos Contemporâneos em Contabilidade Gerencial: Implementing Balanced Scorecard; Key Performance Indicators and Six Sigma for Total Quality and Performance Management, Management Staff Forum, Lagos, Nigéria

25. Amusan, O.A., (2010) Controlling Budget with Activity Base Costing, Management Staff Forum, Lagos, Nigéria

26. Amusan, O.A., (2010). Avaliação comparativa da avaliação da qualidade da água na bacia do rio Ogun-Osun e seu impacto na agricultura e no ambiente, Universidades de Siegen e Bochum, Alemanha

27. Amusan, O.A., (2011). Determinação da Adequação da Qualidade da Água em Esquemas de Irrigação: Case Studies from Nigeria and Ghana, TU-Ilmenau, Ilmenau, Alemanha

28. Amusan, O.A., (2011). Hidroclimatologia da bacia hidrográfica do rio Ogun-Osun, Ilmenau, Alemanha

29. Amusan, O.A., (2011). Avaliação qualitativa dos efeitos da cadeia de valor agregado na produção de cacau: um estudo de caso da Nigéria, PUCPR, Curitiba, Brasil.

30. Amusan, O.A., (2012). Impacto da hidroclimatologia na gestão sustentável da água nas bacias da África Ocidental, Gottingen, Alemanha

31. Amusan, O.A., (2014). Promover a conservação sustentável dos recursos e do ambiente através de tecnologias de embalagem adequadas na África Subsariana, Praga, República Checa

32. *Amusan, O.A, (2015). Relação entre segurança alimentar e qualidade do solo no cacau, FENS Berlim*

33. *Amusan, O.A, (2015). Fostering Food Security & Mitigating Food Wastage through Quality Management Practices in Cocoa Production, Instituto de Nutrição-Alimentos do Futuro, Potsdam, Alemanha*

34. Amusan, O.A, (2016). Impacto do uso da terra e da qualidade do solo na produção sustentável de cacau na Nigéria, Conferência Europeia de Ecologia Tropical, Goettingen, Alemanha

I. REFERÊNCIAS:

1. Prof. Bamiro O.A: *Antigo Vice-Reitor e Professor de Mecânica dos Sólidos; Departamento de Engenharia Mecânica, Universidade de Ibadan, Estado de Oyo, Nigéria*

2. Prof. Ademola K. Braimoh: *Especialista Sénior em Ciências Naturais, Banco Mundial, Professor, Universidade de Hokudai, Japão*

abraimoh@glp.hokudai.ac.jp

3. **Sr. Israel Olusegun Afolayan**, Diretor Administrativo, International Energy Services Limited; afolayanisrael@yahoo.com)

4. Prof. Ayorinde Akinlabi Olufayo: *Diretor, Centro de Investigação e Desenvolvimento (CERAD) / Professor de Engenharia da Água e do Ambiente; Universidade Federal de Tecnologia, Akure, Nigéria ayo_olufayo@yahoo.com)*

5. Philip Gbenro Oguntunde: *Professor (SEET- AGE) / Diretor Associado (CERAD). Universidade Federal de Tecnologia de Akure, Nigéria; Universidade de Tecnologia de Delft, NL,* p.q.oquntunde@tudelft.nl, poquntunde@yahoo.com

6. **Chris Otitto Agulana**, Professor, Universidade de Ibadan, Nigéria, Departamento de Filosofia

Printed by Books on Demand GmbH, Norderstedt / Germany